U0240172

将建筑进行到底

罗松 著

建筑师的成长手记

机械工业出版社
CHINA MACHINE PRESS

本书以职场指南穿插小故事的形式，讲述了"建筑界的杜拉拉"——罗小姐，从懵懂的建筑系小女生，成长为职业女建筑师的心路历程以及对职场经验的提炼和总结。见识了各种职场变迁，也历经了各种磨炼。在诙谐幽默的嬉笑怒骂中，她以对建筑不渝的热爱和不变的信念，执着勇敢地面对从业路上的种种艰难与辛酸，十年磨砺，终于走出了自己的蓝天。

全书共分六章，分别从学生期、龙套期、磨砺期、走向成熟期四个时期讲述青年建筑师的成长历程。同时贯穿职场小指南、女建筑师从业路、情爱小故事等篇章，来指引青年建筑师如何冲出职场与生活的迷雾，走向真实有力的自己。

本书读者目标人群：在懵懂中好奇的建筑新人，在挣扎中幸福的青年建筑师，默默关注青年人成长的建筑界老前辈。内容惊心动魄，请谨慎阅读。

图书在版编目（CIP）数据

将建筑进行到底：建筑师的成长手记/罗松著.—北京：机械工业出版社，2015.8(2022.9重印)

ISBN 978-7-111-51421-3

Ⅰ.①将…　Ⅱ.①罗…　Ⅲ.①建筑学—青年读物　Ⅳ.①TU-0

中国版本图书馆CIP数据核字（2015）第206554号

机械工业出版社（北京市百万庄大街22号　邮政编码100037）
策划编辑：时　颂　责任编辑：时　颂
责任校对：李　盼　封面设计：张　静
责任印制：单爱军
北京虎彩文化传播有限公司印刷
2022年9月第1版第5次印刷
169mm×239mm·19印张·363千字
标准书号：ISBN 978-7-111-51421-3
定价：45.00元

电话服务　　　　　　　　　网络服务
客服电话：010-88361066　　机　工　官　网：www.cmpbook.com
　　　　　010-88379833　　机　工　官　博：weibo.com/cmp1952
　　　　　010-68326294　　金　书　网：www.golden-book.com
封底无防伪标均为盗版　　　机工教育服务网：www.cmpedu.com

推荐词

每一个职业建筑师，在学建筑和做建筑的过程中，都会经历启蒙、初试、困惑、磨砺、成长的过程，犹如人生戏剧一样的起承转合、喜怒哀乐、痛苦并快乐着。

跟我们大多数有些不同的是，罗小姐有着宝贵的乐观主义精神和文字天分，她记录并分享她所经历和正在经历的这一切，鼓励我们向她学习，将对建筑的爱进行到底。

——李兴钢

推荐词

　　罗小姐的《将建筑进行到底》一书，以幽默风趣的语言，生动描述了女建筑师从大学到工作的成长历程，在轻快细腻的文字中，将建筑行业的酸甜苦辣娓娓道来。

　　对于关注建筑的人，它会为你揭开建筑的神秘面纱，接地气地解密建筑师的真实生活；对于建筑系学生，它会为你解惑，手把手帮助你明确未来道路如何选择；对于建筑师们，犀利评说生活日常，真是切中要害，在欢笑中传递正能量。

——朱小地

推荐词

　　了解罗小姐一晃已有数年了。在自媒体上她很活跃，有很多粉丝。但我却没有机会真正"认识"她，我们没有见过面，甚至都不知道她这个比较男性化的真名。这就像我们小时候只知道很多邻居家小伙伴的"活名"——癫仔、桂花一样，我们不需要知道伙伴的真名，但他们在我们脑海中是鲜活的，亲切的，有趣的。若干年后，当我们有幸相聚重拾旧事时，那些只知姓氏的人却早已忘却。

　　将建筑进行到底！在中国，尤其在当下的行业中真不太容易。在我参加的去年底及今年初两次的行业聚会中，几乎95%的发言者讲的都是设计转型，未来坚守设计有可能反而成为我们这个行业的稀缺理想。

　　因此讲，未来学建筑并把建筑进行到底是要有情怀的，它需要有坚守理想的人，而理想也恰恰是年轻人最应坚守的底线。如果今天我们仅仅为金钱进入这个行业，那么我们都将可能最先逃离这个行业。

　　从这个意义上讲，我非常非常喜欢并欣赏罗小姐出的这本书。也感谢她一直以来把我当作她这位年轻的建筑理想主义者的同行者。

——薄曦

推荐词

　　我和罗小姐在微博上相识，依稀记得是吵了一架，为何吵架吵了什么都忘记了。但是我却记住了一个努力、坚持、有自己思想的中国女建筑师。这本书是一个青年建筑师的成长纪实，涵盖了一个女建筑师的许多小心思。她把建筑师的工作和生活经历用自己的语言，有声有色地呈现了出来。

　　罗小姐的文字时而嬉笑怒骂，时而谈笑风生，将建筑师的日常琐事，赋予了战斗使命与革命精神。

　　甲方们，若遇到像罗小姐这样的建筑师应该是幸福和快乐的，她是一个值得信赖的合作伙伴，也是一个有意思的女建筑师。

——余英

推荐词

我不知道罗小姐为什么要让我给她的新书写推荐词，她把自己叫作建筑师，而我是一个自绝于建筑师的人。

大约十年以前，我内心里不再以建筑师自居，是因为我看到建筑师这个群体的"欢值"（快乐的程度）不高，或言苦不堪言。偶尔少有几个会玩的，多半也欢乐得有些嗫瑟和怪异。

"我是学建筑的"，这是很多建筑学子们到老都会讲的一句话，话中满有一份自豪的成分，同时，说这话的人也挺像是一个民国时期的清朝王爷。

"建筑"在大学的学科里是最容易成为一种彰显身份的专业。我们是听不到有人在四五十岁还会主动地宣称"我是学机械的""我是学中文的"，说明很多别的专业并不太招人待见。

"学××的"，这是一个从二十岁就被定义了的身份。有时我会碰到一两个在华尔街打过两天工的家伙，撇着嘴显摆自己是"做投资"的，往往此时他不会讲他是"学金融"的。这一"学"一"做"又有很大的不同。

我还有一个学妹，现在已是某大投行的大佬，偶尔也会对着我们这些建筑师们，用充满慈爱的口吻讲："我曾经也是学建筑的。"

当一个人一旦拥有了一个内心认定的身份，必然会按照这个身份的设定去过日子，幸运的话，会活出这个身份的最精彩篇章；但同时身份也定义了自己，锁定了自己，不解此锁，生命难以腾挪。佛家批评此为"执着"，我们赞扬一个人持之以恒也用"执着"，这本来就是一个意思。

若能执起一个身份，又能轻松放下一个身份，是一件很快乐的事情，但这又谈何容易呢。据说方法也还是有的，大抵就是《大学》里讲的，而大学里不讲的，所谓"止、定、静、安、虑、得、道"那一套吧。

唉……

建筑师终究是个好活，是因为他是伺候人的，自己还得有料。用自己的料去贡献别人，这是多么"大乘"的修持呀！以己度人、以执修放、以有得空，建筑师，善哉，善哉……

罗小姐的文字是轻松的，但凡有这种轻松，必有一种超脱和抽离，已经很有"止、定、静、安"的意味了，我当年要是也有这份心境，恐怕早就是人了。

——赵晓钧（阿呆）

罗小姐的话：

我，

一个学建筑的女生，

工作了一些年，

目前是一个女建筑师。

当我还是一个建筑新人的时候，工作中常上演以下剧情：

我每天早晨坐在计算机前，只知道我今天的工作是什么，我充满了许多的疑问，但我没有答案（或者说根本没去找答案）。

我不知道我目前手上的图需要什么时候交；

我不知道这道墙为什么不能靠柱边；

我不知道为什么这里设一个井，那里却无缘无故地告诉我净高不够；

我不知道为什么出图前大家要加班；

我不知道如何跟业主介绍我设计的方案……

我勉强自己管理好自己，根本无法再预估多一个人的安排。我曾经就是这样一个想什么什么不懂，干什么什么不灵的懵懂小妞。我慢热，愚钝，犯过各种千奇百怪的错误。

而今，每当出发去汇报项目之时，我驻足镜子前，望着里面那个妆容精致、脚踩7cm高跟鞋、看起来真像是那么回事儿的女建筑师，自问道："你怎么会变成今天这个样子？"

是时间，是经历，是这个世界推着我向前走，一刻不停。

写故事的过程，是回忆的盛宴，而不是漩涡。我们常选择性地过滤掉那些不愿想起的过往，但的确是那些惊心动魄的残酷瞬间执拗地推动着我们成长。

在这些故事里，

我写到了学生时代，那些天不怕地不怕异想天开的想法；

我写到了初入职场时的懵懂与无知；

我写到了独当一面时的艰难与抉择，信任与合作，机遇与挑战；

我写到了甲方们的配合与信任，也有项目过程中的辛酸与苦辣；

我写到了自己，

也写到了身边的你我他……

这不是一本回忆录，也不是一本工具书。这是一个青年建筑师的成长手记。当你看到某字某句，也许会会心一笑。因为此刻，你看到的不仅仅是我，还有自己。

目 / 录

第二章
路人甲时代/055

第五章

第六章
将建筑进行到底 / 241

后记／282

第一章

象牙塔的时光

姓　　名: L小姐

年　　龄: 20岁

工作年限: 0

职　　位: 哪有什么职位? 尚在啃老。

缺　　点: 完全沉浸在建筑的幻想里, 根本不明白
　　　　　自己就是沧海一粟, 对自身能力没有清
　　　　　晰的定位。

优　　点: 行动力强, 想到什么就立刻去做。

欢迎来到人间正道，欢迎来到没有硝烟的战场，在这里你将历尽沧桑。

01
一千个学建筑的理由

欢迎来到人间正道，欢迎来到没有硝烟的战场，在这里你将历尽沧桑。

某黄金剧集里有一句经典台词："我不是土匪，我是个建筑师……我就是个学建筑的，回来，就是想建设自己的家乡。"

英雄造就了时事，时事成全了英雄。

建筑师是一个饱含英雄主义色彩的光荣职业，几乎每一个走进建筑学这座象牙塔的人都怀着自己的小心思、小理想、小目的。对于学建筑这事儿，几乎没有人说自己是糊里糊涂上了这艘"贼船"的。

50%的我们，家中的长辈就是从事建筑行业的先驱。本圈的有趣之处在于，几乎所有的建筑相关专业，如结构、设备、景观等，即使在自己的专业领域已经登峰造极，但终极理想仍旧是送自己的孩子读建筑（看到这里，请大家环顾四周）。而建筑师的孩子们更是几乎一个不落地成为"建二代"。当你遇到一个看似很普通的新人，他也许会在不经意间幽幽地跟你说："你们上回投的那个××标，是我妈评标。"有时建筑师们甚至会更自豪地自我介绍道："我父亲是建筑师，我母亲是建筑师，我外祖父母都是建筑师……"就这样，"世家"这一常态，悄无声息地蔓延开来。

30%的我们，本身出于对建筑学专业的热爱。这一部分人可谓是根正苗红真心执着地为了学建筑。当然我会告诉大家，这一部分的我们想当建筑师的初衷，也许

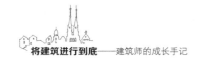

往往是一部电影、一部电视剧。中外影视剧的剧情里，总是悄无声息地将主角（没错！都是男一号或者女一号，备胎那都是富二代）的职业设定为建筑师。人们想象中的建筑师都是那种温柔多金大情圣，闭月羞花忠心男，约会起来含情脉脉，工作起来又性感得一塌糊涂。对！就是这样！他们真的很了解建筑师呢！

15%的我们，学建筑的理由很简单，就是单纯地喜欢画画。这类学生入学的基础非常好，常常是我们艳羡的对象。学校刚开始上素描课那会儿，大家都最喜欢抢占有利地形。说一小窍门：我这里说的有利地形跟静物石膏的远近角度都没有直接关系，但且记着，一定要坐在美术优等生的边上，提高得特别快。他们功力深厚，深藏不露，并且绘画这种高技派的专业技能，身教终归胜于言传。有时候，光影什么的肉眼凡胎的我们看不大透彻，但是在"高技派"的眼里就不同了。

还有5%的我们，学建筑的原因有些奇葩，没有选上理想的专业被调剂来的；或是男朋友是建筑系的师兄因而追随来的……这种类型我遇到一例，新生入学后，建筑系新生第一次一起上课，同桌的男生花了整整一堂课的时间跟我抱怨，他是如何从"众望所归"的通信工程专业被"残忍地"调剂过来的。有趣的是，后来，他是班里为数不多的坚持在设计一线的建筑师，并与班里另一女建筑师喜结良缘，双双投入伟大祖国建设的滚滚大潮中去了。

很奇怪，从走进建筑学大门的那天起，我们看问题的角度、生活的方式竟然不一样了。

每一年的时装流行趋势，貌似与我们无关了，黑白灰填满了衣橱里的每一个角落。我们开始把焦点执着在细节的配饰上，一颗有设计感的纽扣貌似就可以力挽狂澜。我们开始执迷于黑框眼镜加身，就像《大话西游》里的至尊宝戴上了神圣的紧箍咒，这样，貌似就可以让我们离大师更近，更近。

我们的睡眠时间越来越少，皮肤越来越差，吃饭开始没有准点儿。三点睡十二点起貌似成了建筑系学生的"标配"。那些因为赶图而晚归的深夜里，宿管阿姨都会用鄙夷的眼神审视我们："到底干什么去了？"而此时，为了成全她的好奇心，我们更会理直气壮地告诉她："去约会，就这样！"

我们的交际的圈子闭塞得可怜，貌似只对本专业的人和物感兴趣，由于"工作需要"，建筑系的学生们整天，甚至整夜厮混在一起，碰到赶图交作业大限之期到来之际，大家打招呼的方式都变成："你几天了？"（几天没睡的意思。）"我三天，你呢？""我，我上礼拜就在这儿了。"

我们开始不自觉地酷爱摄影，好不容易攒了钱买个好相机，选片时才猛然发觉，镜头里基本没有自己。各种流派的房子在不同天空的映衬下，像是明信片里复制下来的小样。上到檐口，下到暗沟，在我们的镜头中都可以隐约地荡漾出性感。

我们掌握了许多特殊的技能，由于经常熬夜晚归，爬墙头什么都是我们的强项，无论男生还是女生，都可以着一身夜行衣，飞檐走壁，哼都不哼一声。而那些诡异惊悚的传说，比如夜半三更传来吉他声，都是建筑系学生在画图才思枯竭期的杰作。

我们仿佛成了一群异样的、不合群儿的学生，我们的学习、感情生活也一直为其他专业的同学们津津乐道。于是，他们经常会在内心深处迸发出对建筑系学生最真诚的问候："那么傲？有什么啊！"

而只有我们自己知道，无论我们来自天南还是海北，在同一个世界，有了同一个梦想，同样的基因。世界仿佛为我们打开了一扇门，让我们无忧无虑，天马行空。一切的美好仿佛都是我们的。

可是，那时的我们哪里懂，这个世界其实不是我们的，我们改造不了世界，有时甚至很难去适应这个世界。我们渺小、无助、无依无靠，赤手空拳地来到了这璀璨耀眼的建筑大观园。在这里，不只有设计，不只有成长，不是所有的辛勤和汗水都能浇灌出美丽的花朵。

一入"豪门"深似海，涉世容易，修行太难。 一切的因缘由"建筑"二字就此展开。

总之，欢迎来到人间正道，欢迎来到没有硝烟的战场。

没错，在这里你将历尽沧桑。

02
建筑系学生应该知道的十件事

出了校门，没有人有义务教你画图。不要依赖自己的脑袋，纸和笔永远是
你最忠诚的伴侣。

我们就这样踌躇满志地打开了建筑这扇门，征途开始。

我们当然可以走一步看一步，今朝有酒今朝醉。在我还是个学生的时候，
才思愚钝，领悟力又不强，傻傻地孤独前行了很多年。有些事情已成定局，所
以常会在许多年后找个没人的地方暗暗地忏悔一下。如果当时能有人告诉我这
些那该多好？所幸为时尚未晚，回头终是岸。

以下是我总结的"建筑系学生应该知道的十件事"，但写下这些时，我早
已不再是少年。

1. 考研

有同学问我 "到底要不要考研"这种亘古不变的话题，建筑设计是理论与
实践的结合，需要用一辈子的时间来钻研学习，如果你考研的目的是想三年速
成，那还是去工作三年收获更大些，现实是残酷的，战场是血淋淋的。另外，
读研与结婚生子不冲突，读研与业务提高不冲突，如果你提出这些假设，说明
你根本不想继续深造，就别骗自己了。

2. 老八校

很多同学会在内心深处反复掂量"老八校"这个字眼。客观地说，老八校的毕业生有着学习建筑得天独厚的条件，我们会在刚参加工作的几年时间里，仍旧听到这个字眼，如影随形。不过现实的大潮滚滚，主宰一切的除了机遇，还有个人的拼搏，至于是不是出身于老八校，风水轮流转，若干年后，平台一致，高下立现。

3. 大院

不要因为没有可能留在大院工作，就放弃大院实习的机会；也不要将能否留在某公司工作作为选择实习单位的一个先决条件。没错，大院是需要慢慢熬，姑娘熬成婆，小伙儿熬成砣。小团队容易有更多的机会脱颖而出；而在一个航母型的集体里，每个项目都是一场庞大的战役，你可以亲历，那是宝贵的人生经历。就算是每天待着，抄绘施工图，也许那是你一生中最接近大型重点公建项目的契机。

4. 实习

不要责怪带你的工程师很忙，没空教你画图。你每天无所事事，整天抱怨："这怎么是实习？""完全什么都学不到呀！""要么换个公司算了。"请记得：出了校门，没人有义务教你画图。学会画一些小图纸，掌握一些实战的基础小技能，只是实习的一部分；更重要的是，你将看到未来三年的自己、未来五年的自己、未来十年的自己、未来三十年的自己，你都会找到原型，然后重新审视自己要走的路。

5. 户口

工作十年以上的建筑师是不流行比户口的，他们比的是经验，拼的是实力，搏的是谈笑间樯橹灰飞烟灭。举一个真实案例，路人甲毕业的第一年，因为户口隐忍在一家类似于污水处理改造之类的设计院，再后来，他觉得无法实现自己的人生价值，准备开足前行的马力。几年来，他从"污水院"出来，一路从北京，

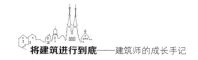
杀到非洲，再去贵阳，现在在海南，向着理想的工作和生活一路狂奔。职位从底层小弟，一路做到地产副总裁，他由于没有被户口和城市牵绊，花了比别人更少的时间，实现了自己的职业价值，追求到了自己想要的生活。不要在刚一毕业的时候就被户口和城市套住，无论你在天涯海角，总有一天会凭借实力打拼到你向往的城市中去。你一辈子一定会待在那个城市吗？户口真的重要吗？

6. 专业课

不要认为你现在学的任何一门专业课是形同虚设、可以蒙混过关的。此时，你自己养成的学习习惯与学习模式，是别人不能套用的，是受用终生的。学校里那些让人望尘莫及的学霸，都是在这一门门看似八股气十足的课程里锻炼出解决问题的能力，书中自有黄金屋，书中自有颜如玉。在大学里，如果你遇到哪门课，像恶鬼一样阴魂不散地折磨着你，你更应该精神百倍摩拳擦掌准备迎战，因为磨炼你意志锻炼你能力的时候到了。

7. 烂笔头

不要依赖自己的脑袋，纸和笔永远是你最忠诚的伴侣。白纸黑字不仅可以记录每个项目的进程，更是一个建筑师成长的见证。库哈斯从前是当记者的，文字给了他不同于传统建筑师的思考力和敏锐度。建筑师大多喜欢用无格子白纸本，不需要太大，随身带，画速写只是其中一个用处罢了，这个本子更多的用来记录自己所看、所想还有灵感之所在。灵感这个东西很玄妙，总是在我们毫无防备之下突然降临，在我们不经意间为我们的思维打开一扇门。很多纠结良久的课题，也许就在短短的几分钟之内，便有了头绪。我们大多不是天才，但所幸，我们还有一个本子，一支笔。

8. 同窗竞争

不要一直与自己的同学做无用的攀比。学校的圈子非常小，日后每个人都有更广阔的舞台。在校时，各种交流和思想碰撞都比闭门造车实际得多，不要总是担心："如果这个被他学去了，他比我优秀怎么办？""这个技能我得自己藏着，别人不会我独会，这样我才够牛耶！"……走进社会后，你会发现，其实在校的几年，你和你的同学就像是一个团队，一个团队整体的优秀，就是个人的优秀；一个团队整体的强大，团队里的每一个人才能够强大起来。我们从来就没有生活在"一枝独秀"的时代，每个人的人生不同，每个人的成长轨迹不同，每个人的梦想也不同，你看他真的坐上枝头，他一定在某些方面付出了常人没有的努力，那是他应得的。此刻，做好你自己，当一个和自己赛跑的人。

9. 收集和整理

这个时代是互联网咨讯发达的黄金时代，我们每天要从许多信息中过滤出我们真正需要的信息，有时候我们的判断是正确的，有时候是错误的。时时不忘搜集和整理是提高自己的重要途径之一。整理包括：资料整理、时间管理、思路梳理等。别让我们专业的特性把自己变成个异常感性的人，记住，你始终是个建筑师，让理性占据控制自己思维和行动的主导地位，是专业素养中的必修课。

10. 收入

很多同学抱怨，为什么毕业后的前两三年，年薪只有五万，而路人甲竟然可以拿到十多万，然后再嘲笑一下路人乙，哈哈他还没毕业呢，路人丙在地产收入更多，税后都二十万了……从业五年内不要计较金钱方面的得失，那一个个不眠之夜，那一点一滴看似苦大仇深的积累，都是你受用一生的宝贵财富，其价值用金钱是无法衡量的。并且，再告诉大家一个秘密：也许工作十年后每年的收入都是你前十年的总和哟。

十条显然还不够，这些年来随着年纪和阅历的增长，领悟也越来越多，摆正态度，认真地去工作、去生活。

03
学建筑，可以不熬夜

站在巨人的肩膀，并不丢人。

建筑学出身的人都有两项似乎与生俱来的特长：熬夜和承受孤独。这两项武林绝技从我们成为准建筑师的那一刻起，带着我们披荆斩棘无往不利。孤独这事，因人而异。但熬夜并非不可改变，悄悄问一句：真的一定要熬夜吗？

从大学期间第一个设计作业开始，我们好像永远都做不完。每学期伊始，都胸有成竹信心满满，整整十六周呢，咱们这次争取提前完成作业哦。

漫长的征程开始了：

第一周，跟设计任务书相面，这是什么任务书呀？说的是人话吗？

第二周，这种类型的建筑没做过呀，去查查资料吧！

第三周，想破脑袋貌似有个基本概念了，行！就朝着这个方向整；

第四周，终于可以动笔画一草了；

第五周，让老师看看吧，老师怎么提出这么多疑义啊？可能是本来的设计概念就有问题，要么咱们翻车重头再来吧？

第六周，又开始车轱辘一般陷入新一轮的死循环……

……

磨蹭到第十四周，设计倒是一直没有停滞，循序渐进，就是还停留在拷贝纸上的草图阶段。"草"到什么程度，就因人而异了，进度好的同学，草图画得很深入，直接可以上板了；进度不好的同学，草图上只有简单的功能区块而已。

每学期的最后一个月，除了大设计课以外的其他课程，纷纷开始了凑热闹般地"结案陈词"。尤其在低年级时，会遇到几门类似于"高等数学""结构力学"这种丧心病狂的老大难科目，再加上又是大设计课交图大限在即，这种窘境让很多建筑学专业的同学们手足无措。

于是，我们通常会郑重其事地走一趟超市，买断未来两周熬夜画图所需的必备干粮，再辗转回宿舍，大睡一天一夜，带好平日的洗漱用品，雄赳赳气昂昂地开始为期两周的教室熬夜征程。

大家的战斗力极强，教室里放着各种诡异流派的音乐，熬得昏天黑地，但心情荡漾得不亦乐乎。此时此刻，我们仿佛都被建筑大师灵魂附体，平时没有的能量，都迸发出来；平时没有的灵感，都如期而至。

在两周时间内，A1画板上的画纸从白纸一张到异彩纷呈，也就只有建筑系的学生能干得出来了，将一切不可能完成的任务变为可能。

然后，交图后如同大赦天下，各方妖孽回归人间。

看了以上，你会发现，你不是例外，每一个建筑系的学生都一样。都一样熬夜，都一样选择性障碍，都一样貌似只有在深夜才能爆发设计灵感。

但是，真的要这样吗？一定要这样吗？这样完成的设计图纸，质量真的高吗？

在做设计方面，我应该算是一个异类。上大学期间，做设计课程作业从来没有熬过夜，仍会保证准时交图。工作以后做投标，只要是我负责的投标，也不会等到半夜三更才跑到出图公司出图，更不会包封等到日渐天明。

不是因为我有什么绝学妙计，也不是因为这样质量就打了折扣。通常一个大设计作业的周期是八周或者十六周，而正规的投标周期是一两个月，只靠多画上几个大半夜，多当几次夜游神，真的就能作出鬼斧神工的精品吗？

不能简单地说性格决定命运，但性格的确决定了生活中的许多小细节。

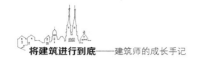

明确目标，确定概念

作为天秤座，很庆幸我没有选择性障碍，喜欢的就是喜欢，不喜欢的就是不喜欢。生活中比较常见的状况，如：红色的大衣好喜欢，蓝色的也不错，到底要买哪一件嘛？好讨厌好纠结哦……这些通通都与我无关。也就是说，目标明确的人，比较能直奔主题，不会在无休止的选择上浪费太多的时间。

在设计课题的初期，一个明确的设计概念，清晰的思路是至关重要的。建筑师的思维大多比较发散。设计伊始，五花八门的想法创意会逐渐地在脑海里盘旋（得承认有的很雷）及时整理自己的思路，选择最具可行性和延伸性的概念深化前进。同时，尽量缩短"选择"所消耗的时间，这对许多同学来说有点困难，设计方向没有对错，选准一条，勇敢走下去便是，山穷水尽终究也会柳暗花明。

设计进程表

根据设计的类型、难度，前段、中段、末段图纸的量来制定合理有效的时间进程。我会在多篇文章中强调"设计进程表"的重要性和必要性，时间管理是核心，不能有效地制定时间进度，就无法保证按时完成。时间观念的重要性，更会在日后的工作中凸显，很多时候，不能按时完成，一切努力就前功尽弃。我们必须从学生时代就培养良好的时间观念，未雨绸缪，而不是一味地靠熬夜突击来解决做不完的问题。

同时，设计伊始时制定的"设计进程表"并不是一成不变的，它可以在设计过程中根据具体情况及时进行细微的调整。总之，最后期限始终不变，内容和形式由你自己折腾吧。

尽量避免翻车

所谓"翻车"，就是一个思路遇到障碍进行不下去，推翻前面的思考过程与设计工作，再选一个方向重新来过。这种情况不是不允许，但要尽量避免。每一个设计其实都有瓶颈期，几乎极少有项目是顺风顺水如有神助般能无障碍进行到底的。这个时候，唯有坚持，并在精神上坚信自己当初的选择一定没错（精神胜利法对职业建筑师真的很有效，不许笑）。

我们建筑师除了感性多了一点儿以外，其实还是要按照一个工程技术人员（理工科学霸）的标准来严格要求自己的，学术有险阻，攻关需努力嘛。不能翻车，勇往直前才是硬道理。

前三条都是很考验建筑师（建筑系学生）的心理素质的。而接下来的关键，就是深化设计：快速而准确地表达图纸，并通过模型、多媒体等手段（具体按照任务书要求）完整地展现设计想法和意图。

当今信息资讯发达，建筑师的学生时代大多都是从模仿开始的，自己偏爱哪个大师，自己偏爱哪家设计流派，最近又发现了何种图纸表达方式。广泛地涉猎并有针对性地钻研，再根据个人的实践与体悟，在漫长地设计生涯中逐步形成自己的风格。

站在巨人的肩膀并不丢人，重要的是，我们通过学习和思考，来逐步加强自己对建筑设计的理解，再基于过滤筛选等基本原则，应用各种现代化的手段把这些思维一一表达出来。

在这里必须提及一下老师评图的重要性，同学们平日的设计过程中都有横向的对比，其实大家水平都半斤八两，而每节设计课老师的指点，就成了整个过程中少有的纵向交集。

给老师看图要虚心、积极主动，不要总想着：听说这老师水平不行，给他看还不如自己琢磨呢。可以这样说，任何一位老师都经过专业的建筑学教育和训练，每个人都有他自己的特点，让你茅塞顿开那是常有的事。同时，给老师介绍自己的方案及想法是非常好的锻炼机会，不要怕，课前想好甲乙丙一二三，勇敢地张嘴白活吧。

总之，**提早动手，制定"设计进程表"，目标明确，持之以恒**。你说，真的用得着大动干戈、刀枪棍棒地熬它个天昏地暗吗？

04
老师，你的第一个甲方

跟常规的甲方比起来，老师更善于挖掘学生们的个人潜力，给学生们自由的创作空间。

老师不喜欢我的方案怎么办？他是不是对我本人有看法啊？

设计课跟老师介绍方案，不知道从何说起，通常做了十，只能表达出一；

老师到底喜欢什么啊？我是不是要投他所好，是不是只有这样才能得高分？

……

很坦白地告诉大家，我上学的时候，也不会跟老师介绍方案，恨不得理直气壮地直接把草图塞给老师，意思是说："你自己看吧，自己能体会最好。"同时，我也很羡慕那时候班里能对着自己图纸侃侃而谈的同学，在我眼中，他们真的很厉害，看着他们讲述着自己的奇思妙想，眼角眉梢都闪烁着光芒。

于是这个"恶习"伴随了大学的五年，真正的养成了大多数建筑师都具备的优良美德：低头不说话只会死画图。直到毕业后某一天，发生了这样一件事。

所里有一个很小的项目，想让新进来的年轻人锻炼一下，我和另一个女生一起做这个项目。这个女生是个有想法、有才华的年轻人。项目前期需要集思广益，两个人分头准备，迎接第二天业主的到来。

翌日，我们都准备好了草图，开始分别向甲方介绍自己的想法。女生先汇报，概念新颖思路清晰口若悬河，足足说了十来分钟；然后，轮到了我，我比较"简练"，说了加起来不到五十个字吧，然后就没有然后了。

当时的现场气氛非常诡异，我的失落感也充斥在整个会议室。很明显，如果我是甲方，我也会选择她的方案继续深化。

很多基本技能在上学的时候没有去重视它，而在职场一对一的"厮杀"中，会败得尤为惨烈。

我不得不思考，不得不扪心自问："怎么这么倒霉啊？！究竟差在哪儿啊？！是不是水平不行？！为什么不会说？！你平时那么多话，为什么关键时刻就没话了？！"

遇到困境不可怕，尤其在年轻的时候遇到困境。我生性乐观，心比较大，遇到问题，承认差距，针对性地去解决问题就是了，不用过分自责。很不好意思地说，祛除"不善言辞"这个病根，我花了很长的时间，直到毕业后的第5年，才真正有那么点儿意思，这个后文再表。

后来我想了一下，"表达"这个技能我本该在上学的时候就要学会，而老师的角色，恰恰是我们遇到的第一个"甲方"，你给这个"甲方"介绍方案，这个"甲方"再给你改方案，然后到学期末这个"甲方"再根据总体完成情况给我们"乙方"评定个分数等级。放弃了这个展现自我的锻炼过程，空在一边羡慕旁人是没有用的。

那么，我们应该如何跟老师这个甲方沟通呢？老师虽然类似于甲方，但本质上又不同于甲方。**跟常规的甲方比起来，老师更善于挖掘学生们的个人潜力，给学生们自由的创作空间。说白了，你想怎么折腾都行，老师会根据每个学生方案的不同特点，加以引导指正，以至于不要跑太偏，帮助学生更好地完成课程设计。**

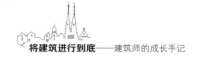

一个清晰而明确的概念

先不要掂量自己的概念是旷古绝今还是庸俗平淡，只要有了概念，哪怕是"小鸡啄米"也会在接下来的步步深化设计中，变成"百鸟朝凤"的方案。一杆大旗先挑起来，主体思想引领前进方向嘛。

在与许多建筑学专业课老师的闲聊中，老师们对学生们各种五花八门的"小鸡啄米"式概念创意哭笑不得，也可以形容成比较无语。此时，老师与甲方的最大区别就是，老师既没有销售压力，也不是项目建成后的实际受用者，他不会泯灭任何一个学生的创想力。几乎所有的老师都会以你的初期概念为核心，凭借他多年的经验引导你一步一步把它发扬光大。

思路的整理

这一环节，其实最根本需要的是人与人的交往能力，你需要把一件事情清晰而准确地表达出来。建筑设计并不需要像说书人一样讲得天花乱坠，最起码你要言语通顺、条理清晰地阐述出每一处的设计要点，并把它们按照逻辑顺序一一表达出来。说得更清楚明白点就三个字：说人话。

给自己信心。你看，我们随便看个电影，都能煞有介事地讲出剧情，如此迂回且逻辑性很强的情节都能表达得很清楚，不就是描述个方案嘛，异曲同工，殊途同归，要先从战略上藐视敌人。

跟大家分享一个比较笨的方法，我通常会在笔记本上预先写下设计思路要点，这样至少不会说的有所遗漏，再找个没人的地方，对着空气事先演习几次，消除紧张心理，渐渐锻炼出良好的心理素质。

有的同学怕人多，一对一的时候还好，人多的场合就发怵，语无伦次。"恐人症"如何变成"人来疯"？这个需要在平时学习和生活中找机会实践，比较好的方法是，练习在人多的场合讲话，这种机会很难有，怎么办？给大家提一个建议，每次讲座或交流，都有观众提问的环节，鼓起勇气举手提问，你想想，千人报告厅咱都讲过话，还怕跟十几个人介绍方案吗？

图纸的正确表达

清晰的条理可以给听者留下深刻的第一印象，而图纸的表达是我们建筑师的看家本事，是建筑学专业学生必须掌握的基本技能。如果光会说不会做，怎能自称建筑师呢？跟老师介绍方案时，图纸尽量要完整，过程中并不需要画得完美无瑕，但沟通过程中的每张草图必须体现出它存在的价值，咱们都不是大师附体，画个乱七八糟的"盖里体"草图不是我们现阶段应有的道行。

图纸表达这一范畴中又涉及众多设计流派以及表现形式。现代设计资讯的发达为广大同学们展现出了一个异彩纷呈的视觉表达体系。境内外的设计类网站、境内外设计公司的官网、建筑及设计类杂志等，一系列的表现形式排山倒海地向我们扑来。了解，吸收，并根据实际需要加入自己的理解，从而更好地展现出自己设计的"真金白银"。

舞台是自己的，资源是天下的，而你就是这个终端的导演。

你的益达

一个良好的个人形象，会让老师在内心深处为你加分。试想一下，你熬夜几天赶出个方案，三天没睡好觉，三天没洗头，脸能拾掇干净貌似就不错了，衣服再有一股汗酸味，老师精神饱满地往你座位上一坐，情，何以堪呐？！

一个清爽整洁的形象，是人与人交往最直接的敲门砖，学生时代也不能不修边幅，顶着个自己觉得很有性格的造型就想所向披靡。想要达到最佳状态，需要调整好自己，包括内在和外在。甲方都有外貌情结，以后工作了大家便会懂。

外表不仅是一张皮囊，相由心生，外表反映出一个人的综合素质。

有同学给我留言，老师在评图时对方方正正的空间不感冒，而对那些奇奇怪怪的建筑赞不绝口，如果不搞出个"天下奇观"来，很难得到高分。

其实我倒是觉得，设计的过程亦是一个自我修炼的过程，在校期间的课程

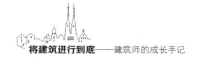
作业，尤其是本科阶段，大多是虚拟的设计，工作以后做自己喜欢设计的机会并不多（换句话说，你想怎么设计就怎么设计），你喜欢什么？不妨一试，只要坚持下去。

老师是我们作为准建筑师的第一个甲方，一个具有开放性、包容性、多样性并指引你走向康庄大道的豁达甲方。

最后，永远记得，你可以不同意这个甲方的意见，但不要跟甲方对着干，要尊重他，并用自己的努力、能力和毅力，最终说服他。

加油！

05

同窗的厚黑学竞争论

同学就是我们青春的伙伴，我们共同拥有那段狰狞顽固却永远也留不住找不回的青春岁月。

小A同学是一个建筑系的女生，她有一个好同学好闺蜜，一起上课，一起下课，一起逛街，一起吃，一起睡。建筑系的学生们有着自己的专业特殊性，不光白天会在一起，赶图那几日，一屋子人整夜整夜地聚在一起，所以，培养出了其他专业不具备的战斗友谊。

日子如流水一般毫无波澜地一天天过，一切看起来风平浪静。有一天，系里组织参加建筑设计竞赛，学生们根据自身需要与特长自行组队。

小A满怀欣喜地跟闺蜜说，咱们一起组队参加竞赛吧！一定会过关斩将所向披靡的！闺蜜吞吞吐吐地说，好哇。

报名的时间一天天地近了，小A每次提及竞赛的事情，闺蜜总是含糊其词躲躲闪闪，没心没肺的小A想，不就一竞赛吗，如果没有战斗伙伴，干脆不报名也罢，下次再参加呗。

直到，报名截止的那一天，小A偶然地看到了竞赛报名名单上，有闺蜜的名字，而跟她组队的，另有其人。

小A的情绪激动，这件事对小A来说如同晴天霹雳，平日里"你侬我侬""卿卿我我"，在这件很简单的事情上，竟然是这么一个结局。

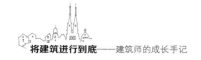
事情接下来的发展更出乎意料。小A喜欢上系里一个师兄，暗恋得天昏地暗好苦好苦，这事班里的许多同学都知道，只是默默不语，不看好这段一点也不缠绵悱恻的暗恋。

一日，小A夜半在系里赶图赶到晕头转向，想去洗手间洗把脸精神一下。从洗手间出来，小A看到了师兄的身影，不禁一阵兴奋，马上不饿也不困了。而在这时，闺蜜的窈窕身影竟然也闪到走廊里，小A正想叫住她，谁知接下来的十秒是小A终生难忘的十秒，暗恋许久的师兄默默而又自然地牵起了闺蜜的手。

小A第一反应是：撞！鬼！了！

然后飞奔回了专业教室，戴上耳机，趴在图板上瞬间决堤。

大毛和二毛的专业课综合排名一直是系里的前两名，两人几学期的交手中，互有胜负。这是一场没有硝烟的战争，这是一场学霸与学霸之间的较量，我等苦苦挣扎在及格线上的后进青年貌似是无法体会这种高层次的角逐的。

平日里，大毛和二毛之间几乎零交流，无论肉体还是眼神都几乎没有对准焦的时候。擦肩而过之际，周围的空间瞬间凝固，狼烟四起，看得大家惊心动魄，面面相觑。没错，大伙儿只有看戏的份。

原因很简单，系里只有一个保送××大的名额，有我没你，有你没我。这让当局者怎么乐得起来呢？

大毛和二毛也有距离最近的时候，就是每节大课，都抢着第一排最中央的位置，从无迟到、早退、上课溜号等现象发生。而广大学生们"兵家必争"之地，如过道、疏散门口等天高皇帝远的犄角旮旯，人家根本是看不上的。

这种差距让大家在匪夷所思之余，也肃然起敬。

功夫不负有心人，最终，大毛和二毛毕业后都如愿以偿地去了自己梦想中的大学里继续深造，而在大家看来，直到最后，两人对彼此都很客气，并没有任何"火拼"现象发生。也许，这就是文明高手的较量吧。

前段时间，听一位建筑师感慨参加同学会的经历，大家毕业十年，约好共聚，虽然毕业时都是一个专业里滚出来的，但多年来，大家做什么的都有。这个聚会像很多普通聚会一样，互换名片，互加微信，男生们家长里短地套着有没有合作的机会，而女生们个个争奇斗艳，每个人都拎着名牌的手袋，烫了新的发型，谨慎地避免着青春的流逝。

建筑师席罢之后，整个人都不好了，没感受到几许昔日的延绵温存，三百六十度无死角地被各种攀比的气场激烈地笼罩着。他一直想，这么些年，大家到底经历了什么啊？是什么样的一个"场"让"匆匆那年"变成了"纸醉金迷"？

李宗吾先生在《厚黑学》一书中，宣扬脸皮要厚于无形，心要黑而无色，这样才能成为"英雄豪杰"。而同学间真的存在厚黑学的竞争关系吗？

同样的教育背景，同样的从业经历，同样的工作年限，在同一个城市奋斗打拼，他们最终会成为彼此的终极对手吗？

再说一场同学会，某资深建筑师参加毕业二十五周年同学聚会，大家分别了四分之一个世纪，早已国外的国外、月球的月球、天各一方了。聚会由几个热心的同学共同组织，毕业五年回母校，毕业十年回母校，毕业二十年还回母校……这个二十五年，咱们来点刺激的吧。

于是在毕业二十五年之际，大家相约在一个山清水秀的度假胜地，大家抛开世俗的喧嚣，回归本真。这场聚会中，大家早已步入中年，不再是那群信誓旦旦一定要出人头地的"进步青年"，对财富及权力的追求渐行渐远，大家听着小桥流水，放着载满旧时影像的PPT，泪流满面。

这场分别四分之一世纪的聚会中，大多数同学的小孩子已经上了大学，去了国外。大家努力半生，深感那一段真诚浪漫岁月的可贵，更有趣的是，促成了已离异的两位同学重修旧好。当年的男生历经二十多年，有缘抱得女神，终成佳话。

　　上面几段故事，讲了不同档期中的同学情谊。我们从同一个地方来，到不同的地方去。我们活在不同的城市里，想念着同样一群人，那些人或远、或近，或清晰、或模糊地存在于我们的记忆。

　　其实很多年以后，我们想想，同学是什么？是一起拼得你死我活的宿敌吗？是一起经历风雨的伴侣吗？其实都不确切，同学不局限于某个人，或者不是某群人。**同学就是我们青春的伙伴，我们共同拥有那段狰狞顽固却永远也留不住找不回的青春岁月。**

06

除了恋爱，我们还能怎样

希望我们在有生之年，都能勇敢地去爱。

我们的大学时光四年、五年、七年、十年……甚至更长，在这漫长的几千个日子里，孤灯点亮了图纸，那什么会点亮我们的内心呢？没错，只有爱情。

年少的我们爱得彻底，爱得义无反顾，爱得不问结果，爱得惊天动地。

我们在万丈红尘中穿梭，难免会遇到形形色色的人，陷入形形色色的爱恋。爱情没有公式，没有标准，没有条文说明。大多数的爱情甚至都没有结局，但我们还是义无反顾地勇敢地爱着，感受着爱的魔力。

暗恋很无奈吗？

大学里很好的哥们，一天晚上约我去学校操场遛弯。初冬，有点冷，我跟他就一圈一圈地溜达，有一搭没一搭地聊着各种破事儿。

遛到晚上十一点了，我眼皮都要睁不开了，我说："大哥，你今天到底要跟我说啥啊，怎么完全没主题啊，没啥事，我要回宿舍啦，快锁门了啊。"

哥们这才吞吞吐吐地说，喜欢上我们班一女生，喜欢半年多了，让我有空去问问，看看对方有没有意思？我哼哼着说，好。

那天晚上我由于太困了，脑子有点短路，然后就把这件事给忘了个一干二净。哦，不对，没彻底忘，我还有救。八年后的某天晚上，我突然一个机灵想

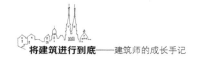

起这一幕，然后整个人都不好了，因为故事中的男女一号，已经分别与他们后来的爱人喜结连理。

我时不时自作多情地想，是不是因为我的一时失忆，让他们向着不同的情感轨迹慢慢走远呢？

毕业五年后的某一天里，跟同学小Q打电话，那时候他在万达，我们聊了一些项目的事，同时也聊到了这些年我们遇见的同学。

Q说，某一天跟同学N喝酒，喝着喝着，N喝多了，然后跟Q娓娓道来，他上学那些年，一直暗恋班里的Y。Q当时一拍大腿，骂了N一顿，问他为什么不早说？！

N的理由是，那时候大家熬夜画图，出去看展，朝夕相处，班里的同学好得真都像近亲一样，有些话，实在说不出口。当时说了，如果被拒，以后怎么相处？（大哥，什么叫近亲呐？！）

电话那头的我惊呆了，因为我知道，当年的Y是喜欢N的。

没错，故事的结局是，出于人道主义原则，我和Q把这事儿"暗扛"下了。Y和N至今不知道他们都互相爱慕过，因为Y和N也早已经分别和各自的爱人走上了红毯。

姑娘们的伟大

建筑系的姑娘们都是战神，我们不仅在工作上能当男人用，生活中能当佣人用，还会自己换灯泡、修手机、装系统。特别值得注意的是，我们还是爱神麾下的勇敢斗士。

建筑系的姑娘喜欢什么人，是不玩暗恋的。暗恋不高级，磨磨唧唧吞吞吐吐，欲迎还拒欲走还留。再说，多耽误我们画图的时间呐？这要是因为什么儿女情长影响了我们日后成为大师，多不值得。（这个理由听起来好假）

一姑娘喜欢上本系高两届的师兄，这个"激动人心"的消息被大家获悉之后，众人随即决定成立"恋爱互助会"，开始制造各种场景促成这对美好的姻缘。

电影《手机》里有句著名台词，请用四川话朗读："世界上的事，就怕结盟。"因此，我们不得不承认，团队的力量是惊人的。风头最劲的时候，连班里的男生，都会来给姑娘通风报信，×××在男厕所，现在要出来了，你赶紧出现在走廊尽头偶遇哈。

几番折腾过后，师兄心理防线节节溃败，终于在一个风和日丽的早晨，被姑娘成功拿下，确切地说，是被"恋爱互助会"的团队协作成功拿下。

姑娘跟师兄成功地相爱了，他们在恋爱中也经历了分手、复合、异地恋、各自留学等许多情侣经历过的十万浩劫。在长达五年的爱情长跑之后，终于走到了红毯的那一天。

写到这里，突然想起赵小姐说过的那句：恋爱有时真的很随机，早点晚点，多爱点，少爱点，勇敢点尿点，一念之差就是另一个不同的人生吧。

年轻时的我们，二十郎当岁，喜欢就是喜欢，不喜欢就是不喜欢，那样地爱憎分明。每次爱情的开始，都缠绵悱恻，也能相安无事几个春天。青春的无敌就在于，那时候我们不去想那么远，不看未来，不看结局，我们爱的就是当下，就是现在。

渣男这个词比较敏感，但幸好，建筑系不出渣男。原因很简单，因为建筑系的男生们没有时间去完成"渣"这个动词。有一个流传已久的传说，建筑系的男生，都很容易找到姑娘。

我们有专业教室，而且，我们的专业教室在很长一段时间内是可以"过夜"的。每天晚上十一点，校园里就有一小撮人，提着干粮，浩浩荡荡挺进建筑学院的教学楼，开启熬夜赶图的工作模式。

当时有一个特别神奇的现象，其他系的姑娘特别爱来专业教室，陪着建筑系的男友熬夜画图，曾经有一个外语系妹子跟我说，我觉得你系的男生，特别

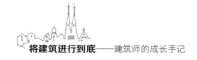

性感。我心想，性感什么啊？半年不理发？从来不梳头，一个个犀利哥一样，到底哪儿性感了？外语系的姑娘说，嘘，你不懂。

后来我们毕业后，学院加强管制，不让晚上在专业教室熬夜了，晚上一到十二点，准时拉电闸，意思是说，你们自己看着办吧。我至今还感慨，我们赶上了好时光，晚上熬夜，还有美貌的姑娘作陪，真是秀色可餐。

学生时代的爱情在毕业后开花结果的不多，不过在我们那个年级，真的出现了奇迹。一个班二十二个人，班内相恋了七对，并且，其中的六对最终走上了红毯，每每谈起，啧啧声叹，真是流传甚远的一段佳话。

也许日久，都能生情吧。

二十二岁，我们从4号教学楼的窗户爬出来遭宿管阿姨白眼深夜归宿；二十二岁，我们趴在板子上画图，手划破了依旧坚持做模型；二十二岁，我们最爱高粱桥斜街的郭林，好几个姑娘围桌吃一盆水煮鱼；二十二岁，我们的告白单纯又热烈，就算被拒了也不会很心痛；二十二岁，谁和谁爱着爱着就分开了，谁和谁的绯闻莫名其妙地纠缠了一个世纪。

前几天，系里的老师张罗着毕业十周年的同学会，同学们都积极响应，纷纷报名参加。那些爱上了，爱透了，爱过了，爱没了的情愫早已随风远去，仍记着的都是彼此间朝夕相伴的闲散琐事，以及夜夜笙歌的难忘情谊。

07
一定要念研究生吗

问问身边的研究生学历的朋友，有读了后悔的吗？

很惭愧地说，我不是研究生，我无法预见如果我自己读了研究生以后，我现在的工作和生活应该是什么状况，没有亲身经历，就没有完全的说服力。

但当这个问题被问得越来越频繁的时候，我渐渐开始了思考。

估计有不少朋友想听我讲，不读研究生也一样，无所谓。但是，这种论证，并不是一个正面的论证，仿佛是设定好一个伪命题，然后想尽办法去圆它，这不科学。对于是否读研究生这一"敏感事件"，这些年，我有了自己的一些小想法。

一、研究生VS工作

读研究生是不是很牛啊？

读研究生是不是更有利于进入名企？

研究生学历更有利于赚钱吗？

……

下面我讲两个具体案例。

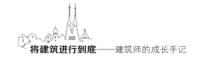

反方：

曾经跟一个同行探讨过，他是一个老四校科班出身的中型所的所长，手下大约五十多个人，每年会根据需要，进一些人，新毕业生或是有一定工作经验的人。

我问他本科生招的多还是研究生招的多？他的回答是，当然本科生招的多！并反问我，现在的研究生会做设计吗？！我一时语塞，他给我的解释是，现在的建筑学研究生，尤其是近年毕业的，质量参差不齐，考快题那是一个比一个厉害，应试教育的结果，但一上岗就不是那么回事了，还不如本科的优秀毕业生好用（请注意，说的是本科优秀毕业生）。他的观点不免有点偏激，但反映出了一部分用人单位在具体招聘工作中的想法。

正方：

某大型建筑设计公司准备提拔几个人从技术岗过渡到高级管理岗，最终提拔了两个人。我疑问？这两个人有什么过人之处啊？后来找到答案，如果是以相同资历、相同业务水平为门槛，至少有十个人符合管理岗位的要求，而这两人与其余几人的不同之处是，他们是研究生学历。**公司高层认为，高级管理岗中的研究生学历更能彰显公司的业务水准。**

于是，**研究生在这个时候，成功脱颖而出了！**

罗小姐的小想法：

首先，你要忍受一下研究生毕业后的第一年，你的年薪只有**五万**，而你的同学（已有三年工作经验的），可能年薪有二十多万。能忍吗？能忍再往下看！

其次，你的导师对你的影响，会受用终生的。他的**学术专长、人生价值观、处事态度、工作方法论、甚至人脉……**将在未来的几十年里对你产生深远的影响。

第三，我接触的具有研究生学历的同仁，学习能力、专业精神、工作态度大都优于本科学历（整体水平，不挑个案）。

读不读研究生？请看着办吧！

二、研究生VS家庭

家庭条件不好，能读研吗？

读研究生影响结婚找对象吗？

读研究生影响生孩子吗？

研究生与家庭这些个问题，几乎是所有准备读研女生的顾虑，下面我讲两个具体案例。

反方：

女生如果不是对专业上有特别高的追求，千万别念研究生，你看某某，就是因为念了研究生，现在都三十大几了，连个对象都没有，毕业后一参加工作，身边差不多点的爷们都是已婚的，而跟她们同龄的女性，连孩子都能打酱油了。

正方：

你看人家某某多厉害，读硕士的时候谈恋爱，读博士的时候结婚生娃，啥也不耽误，读着读着书把人生大事都完成了。所以谁说多读书就会影响成家。

罗小姐的小想法：

首先，很遗憾提这些问题的都是女生，其次，更遗憾无论正方反方，都是围绕着结婚生孩子这些话题。

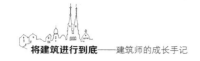

我不是女权主义者，但女性的价值并不是在世俗的咄咄相逼中结婚与生育。

我们有追求、有理想、有自己的事业、热爱生活，我们勇敢地爱着别人，也幸福地被爱着。

我们需要婚姻，也希望儿孙满堂。但这些并不是来拯救我们的，或者评定女性的价值。我们始终为自己而存在，我们努力圆满，也一直在圆满的路上努力争取和奋斗着。

许多姑娘已经把自己完满地活成了一个圆，一切风平浪静，水到渠成。

是否遇到白马王子？婚否？育否？真的跟读研究生有关系吗？

读不读研究生，请看着办吧。

三、研究生VS自己

为什么要读研究生啊？

研究生对专业研究真的有提高吗？

家里没钱，我还要不要读研啊？

研究生读国外的还是读国内的啊？

反方：

那些读研究生都是想改变命运的，比如本科来自普通的学校，妄图读个研究生来彻底洗白，你看有几个找到好工作还死磕去读研的？要读也去国外读，建筑这玩意还是要多走多看，采西洋之灵气，捕东洋之精华嘛。

正方：

读研哪有那么多厚黑理论？就是想读！就是觉得专业知识应该深入而系统地学习！就是想在青春的尾巴上不留遗憾！就是想趁着年轻让自己在学术的道路上璀璨闪光。作为白富美不读研究生怎么能叫货真价实的白富美？我想留校你管着么？高学历的世界，你们根本不懂！

罗小姐的小想法：

我在工作第五年的时候开始考虑，我是不是应该读一个研究生的问题。

当时的想法很多，我是学建筑学的，本意不想再读建筑学的研究生，我爱好广泛，我想读个跨专业的研究生，跨专业才有火花，这让我有更广阔的地界儿去撒欢儿。

我也曾想过读建筑学的研究生，不是混日子的那种，也不是纯帮老师干私活或者纯纸上谈兵的那种，我想找一个有自己独特的专业素养及人格魅力的导师带领我走出设计上的瓶颈（我工作五年左右时，专业上遇到瓶颈，我积累了一定的实际工程经验，但设计总是那么几个路数，我想突破，我想许多建筑师在工作五年左右都曾经有过这个状态，这是个坎儿）。

当一个人自己内心深处的力量驱使着自己要读书深造的时候，也许真应该去回炉再冶炼一下了，嘿嘿，比如我。

在是否读研这个问题上，答案几乎是肯定的！或者直接读，或者在有几年工作经验后读。需要自己对读研的方向及到底需要提高什么有清晰的认识，有针对性地提高，会事半功倍。

至于在国内或者国外读研，不能一刀切，不是所有洋玩意儿都是极好的！

学建筑，在国内能读到符合国情的接地气的干货，也就是说走入职场你能快速地适应设计公司的工作节奏和工作方式。同时，有一段海外留学的经历更是弥足珍贵的，思维的碰撞，独立的思考，国际化的工作方式和研究视野，你将更容易在团队中脱颖而出。

本土化+国际化，才低调奢华有内涵嘛。

最后，给大家一个必杀技，你就不用纠结了，立刻就会有答案。
问问身边的研究生学历的朋友，有读了后悔的吗？

08

学建筑一定要去老八校吗

大量的工程经验,会让我们越来越趋近于一个合格的建筑师。

学建筑一定要去老八校吗?

如果没有机会入"豪门"呢?

这是不是意味着要直面惨淡的人生呀?

我每天会收到很多很多私信,问考研的、出国的、工作的,问项目负责人是不是脑残的,问做施工图还是做方案的,问老公和第三者都是建筑师那可怎么力挽狂澜的……请原谅我这么直白,其实还收到过很多更奇葩的问题,不便于用文字表述。

因为工作很忙,时间也很有限,基本没有时间回答大家的问题,以至于问题大多石沉了大海。但有些关键字被提及的频率特别高,比如"老八校"。

"老八校"这个问题虽然从未困扰过我,但既然太多次被问到,还是有必要拎出来单独探讨一下。

其实我很想写一篇文章,告诉大家上不上老八校,对未来的人生根本没影响。但后来想想,这不是睁眼说瞎话,骗人吗?其实是不是老八校出身,最终虽殊途也可同归,就像考GRE,自学也能考满分,但付出的努力是不一样的。

这个话题是显然一块雷区,咱们就试探性地踩一踩吧。

什么是老八校?

建筑老八校是中华人民共和国成立之初最早开设建筑学、城市规划相关专业的八所高校,清华大学、南京工学院(今东南大学)、同济大学、天津大学、华南工学院(今华南理工大学)、重庆建筑工程学院(今重庆大学)、哈尔滨建筑工程学院(今哈尔滨工业大学)、西安冶金建筑学院(今西安建筑科技大学,前身东北大学建筑系)。

这八所"神奇"的院校,天南海北,割据一方,在建筑业内的霸主地位无人撼动,可谓是兢兢业业的专业劳模,根基深厚的教学典范。

话说,许多建筑业内的用人单位已经在招收应届毕业生的时候,打出"响亮"的旗号:"老八校"毕业生优先。不能说这是用人单位的特殊门第之见,而是在多年的工作实践中,证明了"老八校"新毕业生的工作能力比其他院校的新毕业生强,或者客观点说,至少优秀的概率较大。

"老八校"到底牛在哪儿呢?

看到过很多分析"老八校"的帖子,描述和侧重点都很有意思,有的文章分析"老八校"中各个学校的擅长必杀,有的文章分析"老八校"之间或者学校内部的各种爱恨情仇。舆论迫使"老八校"在坊间的谈资集结于各种没营养的八卦及恩怨情仇之中。

来让我们听听那些隐约流传着的、关于"老八校"的各种有趣说法。

清华大学,毋庸置疑是业内建筑学教育中的一哥。师资力量一流,校友圈子高端,嚯!可以去看看他们的毕业设计答辩,那美女,乌泱乌泱的,条儿正盘儿亮,闪得人睁不开眼。

东南大学的教师及学生专业素质最好,那基本功,那小钢笔画给你画的,个个都是理想主义高于一切的达人,最擅长于出淤泥而不染,就是大多不太会挣钱哟。

同济大学的毕业生,如鱼得水的典范,那是交际圈里名副其实的头牌,眼

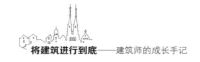

神一过，彼此心领神会，四两拨千金，个个是谈笑间樯橹灰飞烟灭的主儿。

天津大学是最低调的"老八校"之一了吧？经常会出一些仙风道骨的隐士，看着特别普通的一个人，谁知深藏不露，只要出手，必定掀起一场血雨腥风。并且，天津大学出身的建筑师也是各大设计机构的"挖角首选"，嘘……秘密。

……

没错，在罗小姐幼小的心灵深处，确实存在着"老八校的建筑人生定位论"这一说法的。

建筑学的基础教学过硬

我没有谈"老八校"师资高大上，硬件神戳戳。我最大的体会就是，"老八校"的建筑学教育，最成功的就是让每一个在这里修炼过的毕业生，知道如何画图，并如何正确地表达图纸。

我是实战派，接触过各种院校毕业的建筑学科班出身的从业人员，很多学校的建筑学基础教育缺失，让很多本来优秀的毕业生，走同样的路花了更多的时间，而"老八校"的毕业生，在建筑学基础方面，展现出了过硬的素质。

氛围的不可替代

氛围包含很多种：教学氛围、学习氛围、学术氛围、交流氛围、闺蜜氛围、前男友氛围、人脉扩展氛围……无疑，"老八校"拥有着本土建筑学教育及学习的最佳氛围。我至今还记得，我上大学的时候，买模型材料，要去清华；买建筑书籍，要去清华；蹭讲座，要去清华。

当时，我并没有仔细合计过这是为什么？多年后想想，这是不可替代的建筑氛围。

氛围是一个很暧昧的词，包含很多有形或无形的信息和内容。有很多得天独厚的资源让老八校跟其他建筑院校划清了界限。起初因为很多历史原因，而如今，他们真正成了坚不可摧的专业先锋，排名不可以撼动分毫的铜墙铁壁。

所以，承认差距、认清实际、不要自欺、做好自己，才是王道。

那些不来自"老八校"的我们

看完以上，想必来自"老八校"的朋友们会想：唉，其实我们没有那么厉害，也就那么回事。而非"老八校"出身的朋友们，会想：那怎么办啊！

自古华山一条道，无法智取，唯有扎扎实实。

1. 出国深造

走出国门，世界在远方。

其实说实话，我从毕业到现在，从未受到"老八校"这个咒语的困扰，或者更直白地说，丝毫没有影响过我从事建筑设计的"GDP"。但我也有遗憾，就是没有在海外留学学习建筑学的经历，如果有可能，要走出去，希望我能在八十岁之前，实现这个理想。

2. 在实践中锤炼

这个我就比较有发言权了。我们不出身于建筑武林的八大门派，但我们也不能辜负自己对建筑设计的一腔热血是不是？

在实践中锤炼，是让一个建筑师迅速出师的最佳途径。一个项目做完，菜鸟；两个项目做完，菜鸟；三个项目做完，菜鸟……那三十个呢？

在这里我不得不提到一个令很多人发指的词：加班。不能否认，加班对一个建筑师能力的提高是不可小觑的。

有道是：量到了，功力也就到了。虽然这不能保证我们从此步入神坛，成为一代宗师；但大量的工程经验，会让我们越来越趋近于一个合格的建筑师。

在实践中锤炼自己，跌倒了，拍拍膝盖上的土，再站起来就是了，时间的车轮滚滚向前，明天谁还记得你昨天在哪里撞过电线杆，只有你自己在意罢了。

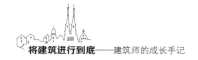
给自己十年，用项目的积累，练就金刚不坏之躯。

话题写到这里，貌似有点沉重，在此分享一下曾经收到的最有画面感的一个留言：

"亲，你们总是说，要学建筑就要到老八校，你们可曾知道在老八校里，非建筑学专业学生的感受？"

脑海中立刻闪现出结构专业。

好吧，做建筑师不止，黑结构男不息。

09
也谈非科班出身

向那些战斗在一线非科班出身的建筑师们致敬!

在工作中，我们经常会遇到一些非科班出身的建筑师，他们阳光、敬业、坚韧不拔。也经常有外系的同学们问，非科班出身到底有没有神话？于是，罗小姐这回斗胆提笔写一写建筑圈中的这个敏感话题：非科班出身。

写下这个题目的心情很复杂，本意是想聊一聊，在象牙塔里所学的专业最初不是建筑学的朋友，如何成为一个合格的建筑师。但下笔很沉重，因为，你们选择了一条异常艰难的建筑设计之路，我没有吓唬大家。

先讲一个故事，刚毕业的时候，带我画图的项目负责人是一个有着二十年工龄的建筑师，工程经验丰富，我们大家都很敬仰他。一天，结构专业负责人"兴致勃勃"地来跟我理论一个结构问题，由于我资历尚浅，完全听不懂她在讲什么，于是跟她说："你别跟我在这纠结了，这么大的修改我做不了主，你找项目负责人吧"。

于是结构专业负责人抱着势在必得的决心，带着满腔热情找项目负责人理论，讲到情急之处，结构专业负责人对项目负责人大喊："你也是学工民建的，你怎么会不明白我说什么？！"（早些年许多学校只有工民建专业，许多年长的建筑师都不是建筑学出身，而是工民建专业）

项目负责人当时……脸！都！绿！了！

办公室内面面相觑，瞬间，秒静。

从那一刻起，我明白了，建筑学非科班出身是很多人不愿意碰触的隐性旧创，是一个非主观意愿却伴随着一个人多年的标签，在整个执业生涯中，如同一个魔咒，挥之不去。

我们都知道，安藤忠雄，因为家里穷，自学的建筑学；库哈斯，以前是当记者的，后来才去系统地学习建筑学。但这些都是大师，不代表普遍规律，没有可比性，不要骗自己。

在我们的身边常有着这样一个奇怪的现象，一个建筑师往那儿一戳，人们就喜欢转弯抹角地论道：他本科是学建筑的吗？他是"老八校"的吗？他是"老四校"的吗？那他本科就是"老四校"的吗？他的导师是谁啊？……一条条一道道把人层层筛选，最后留在那的，才是人精。

人们深谙此道，我们就是在这些个道上，挣扎存活着。

建筑学出身的人尚且如此，小心谨慎如履薄冰地经营着自己的履历，而对于非科班出身的朋友们，想登上这塔尖，更是难上加难。

经常收到一些留言，许多圈外的朋友们表达着自己对建筑学的热爱，并想尽办法成为一名职业建筑师，甚至有位路人甲年近三十，放弃自己的专业和工作，毅然远渡重洋从本科开始重新进入建筑学专业的殿堂，精神相当可嘉，勇气更是令人钦佩。

天将降大任于斯人也，必先苦其心志劳其筋骨，因为非科班出身，从来就没有传说！这几乎是不用论证的。

什么是非科班出身？

我们常把大学里所学专业为非建筑学专业的同仁们归类为非科班出身，

比如早期的工民建专业、结构专业、环艺专业、艺术设计专业、室内设计专业……或者本科原来不是学建筑的，研究生阶段为了心中的"英特纳雄耐尔"来个颠覆性逆转的达人。

大家都有一个共同的强烈愿望：我想当建筑师！

怎样摆脱非科班出身？

1. 从头再来或读研

卧薪尝胆，自古华山一条道，只能智取，用最短的时间，达到最佳的效果。

这条路说起来容易，做起来很难，必须有头悬梁锥刺骨的毅力和决心，改变命运就在此一搏了。但不要害怕，这种案例非常多见，我见过本科有学化学、计算机、工商管理、旅游管理等专业的学生，都能考上建筑系的研究生。前辈们已经为你铺平了道路，你绝对不是第一个吃螃蟹的人。

咱们再回头举库哈斯这个例子，库哈斯在系统学习建筑学之前，是名记者和电影剧本撰稿人，直到二十四岁的时候，才开始在伦敦AA建筑学院学习建筑，之后又前往美国康奈尔大学继续深造。我想，在他确定自己的建筑师道路之后，系统地学习建筑学是一条在他看来的必经之路。

2. 踏踏实实地去画施工图

在正常的情况下，非科班出身的同仁们在毕业之后，直接做方案的可能性几乎没有，当然现在效果图公司也兼职做方案，这种情况，另当别论。而这类从业人员最开始的道路便是画施工图，施工图画到一定的年头，如果本科是建筑相关专业学位的话，几年以后可以考个注册。注册拿到，别人就不太会拿本科是学什么的来说事儿了，但也不乏工作二十年，还会有人提"工民建"这三个字的（既然身经百战，心理素质都过硬）。

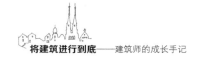

说到这个，许多团队的管理者应该都有体会，这些"非科班出身的团队成员"是非常敬业、非常执着、非常优秀的，总是能出色地完成任务。他们深知来时路上的艰辛与不易，所以花了更多的时间和精力，在建筑的路上勇往直前，针对性地提高自己，非常珍惜每一个实践的机会。另外，说句题外话，非科班出身的青年人，跳槽的几率相对较小，因为，每换一个地方，信任需要重新建立，新环境要掌握他们的特点，承认他们的本领与水平，太需要时间了。

有时候特别不爱听一种说法，画施工图的不能叫建筑师，那是工程师。我相信有一定项目经验的人都不会说出这种话。一个建筑的最终完成，画施工图的建筑师起到了非常重要的作用。所以我一直也建议一个建筑师在成长过程中不要只做方案，或者只做施工图，如果有机会尽量做到全过程，哪怕是很小的项目，哪怕只有一次机会。

很多年后，我非常理解设计公司的项目管理者在分配任务时的"专一性"，也就是这个人最擅长什么就做什么，事半功倍，无可厚非。但对建筑师的个人成长杀伤力极大，一个建筑师必须经历项目的全过程才能"登东山而晓鲁"。没有什么捷径，只是必须经历。但不是每个人都有机会经历，如果遇到，一定要倍加珍惜。

另外，种瓜得瓜，种豆得豆，付出，总会有回报。

3. 找个有缘的公司，把你当种子选手一样培养

这一条谈的其实是遇到伯乐的问题，伯乐是可遇不可求的。如果有一个公司，把你当种子选手一样培养，手把手地调教，培养得"琴棋书画"样样精通。最终你可以修炼得一身正果，用业绩洗白。这得看机缘造化，得遇贵人。

我遇到过这种案例，有一个姑娘跟我讲，她是中文系的，就是特别热爱建筑，从零薪水干起，一路遇贵人，建筑公司的老板、大学的建筑学教授……十年修成正果，终成为一名合格的建筑师的故事。

曾经还有一个年轻人，本来是给某设计公司长期做效果图的。有一天，他

对设计公司的老板说，我不给你们画效果图了，我想成为一名建筑师，我想学设计房子。老板说：可以啊，不过有个条件，两年零薪水。年轻人同意了，他果真义无反顾地开始在画图实战中学习建筑，后来的结局是，两年期间，他真的没有拿到一分钱，但在两年约定结束的时候，他拿到了他应得的奖金。

可见，把一个非建筑学科班出身的人，扔进"图海战术"里，只要有毅力、肯干，百炼就会成金。

这是知遇之恩，需涌泉相报。

所以，理想+机缘+毅力+时间！

无论你是学挖掘机修理的、食品工程技术研发的，还是学蒸压轴承冷处理的，你都有可能成为一名合格的建筑师！

谨以此文，向那些战斗在一线的非科班出身的建筑师们致敬！

10
一个实习生的实战手册

这是底层打杂小工的辛酸奋斗初级期啊!

每年的春夏之交,即是一个轰轰烈烈草长莺飞的实习季。大批大批的同学们辛苦地制作着作品集和简历,摩拳擦掌地准备踏入成为职业建筑师的第一个战场。

一、去一个什么样的公司实习

上学时,酷爱听建筑讲座的罗小姐(我们那时候建筑系学生的业余生活比较单一,没事儿听个讲座就算是全部业余生活了),偶然间在某设计院参加了一个欧洲建筑师合作项目的启动仪式论坛,站在一旁发呆的我,深深地被设计院特别的气质所吸引(其实那时候我根本不懂什么叫设计院,看到叠得一卷一卷如小山一般的硫酸图,当场就倾倒了)。于是在大学五年级上学期,正式成为该设计院的一名底层打杂实习生。从未走出过校园的我,进入了另外一个异彩纷呈的世界。

上一段的故事发生在十年前,引出了那个困扰在我们脑海的第一个问题:到底要去一个什么样的公司实习?

那我们来分别解析一下以下几种类型设计公司对于实习生的意义和价值。

1. 航母型设计院

这一类设计院是大多数国内建筑院校在校学生的首选，四年级以上的实习通常是学校指定的施工图实习，而施工图的设计最高水平，就在这些航母型设计院里。举个例子，罗小姐实习时，带我画图的建筑师，是建规编写组成员，这个也是我至今觉得很荣幸的小经历。而我当时实习所在的所，正在进行某奥运场馆的施工图设计。

可见，对于以施工图学习为目的实习，航母型设计院是你的最佳选择。

2. 中小型设计公司

很多同学在实习时，首先把这类公司排除了。个人认为这是非常不理智的。可以说，中小型设计公司是可以让一个年轻人迅速成长的训练基地，同时，中小型设计公司也是让年轻人更容易接触到建筑设计全过程的实体培育仓。

嘘……这类公司发给实习生的钱也很慷慨哟。

于是，对于以锻炼个人综合能力为目的的实习，中小型设计公司是你的首选。

3. 境外设计公司

境外公司分两种：皮包公司和真正的境外公司。

我没有鄙视皮包公司的意思，皮包也有皮包的价值，比如，我听到了一个匪夷所思的故事，发生在北京。一位建筑系的实习生，孤身勇敢地来到了只有"老板＋财务"两个人的境外皮包公司实习，后来，好吧，她取代了财务而成了老板的太太，将皮包公司发扬光大。（这个例子不太正面）

而真正的境外公司通常有一定的语言能力要求，同学们不要被语言门槛吓倒，一门流利的外语（方言）是必须要修炼的生存技能，是让你受用终生的。

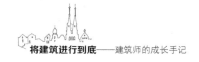

无论是意大利公司还是日本公司，都有值得我们学习并借鉴的东西。境外公司教会我们的是一种工作方式，一种生活节奏，包括对琐碎事情的处理态度。

所以，想体验非本土设计文化，掌握国外资源及项目运作先进性的同学，境外设计公司的实习经历，会让你不虚此行。

二、实习前应该有的准备

朴实无华的简历 ＋ 让人目瞪口呆的作品集

由于工作的缘故，我经常看到各种简历，而有相当一部分的邮件里，完全没有任何文字，直接一个附件就来求职，让我相当不解。中国是礼仪之邦，您能不能在投简历的时候，跟人力资源寒暄上几句呢？至少得有个称呼和落款吧？

实习简历不宜过于花哨，介绍自己的简单情况，别胡乱吹嘘自己会多少多少软件，而那些不知道在哪里拷贝过来的介绍记得把别人的公司名称改改好吗？

作品集，这个不能低调，PDF格式短短几兆，会成为公司对你的第一印象。

讲一个故事，一个姑娘为了找工作，曾经抱着一本作品集，地毯式扫楼扫设计院。很多时候，刚进门就被前台轰出来了，那个姑娘就是我。年轻的时候，不要怕白眼，不要怕失败，碰壁的时候，出去买个冰激凌就好了，话说当年一支三块五的可爱多真的是疗伤利器呀。

另外，简历中座右铭什么的就不要乱写了，抓好核心：能吃苦！能加班！

六字箴言，无往不利，你懂的。

三、实习期间的十个情商小贴士

OK，现在你就是一名铁骨铮铮的实习生了！实习大忌里我不讲专业，专业留给老师和带你画图的师傅去讲，我讲讲大家容易出的情商问题。

（1）以最快的速度记住团队里所有成员的姓氏，三十五岁以上，且有独立办公室的，直接叫"总"，二十五岁至三十五岁的叫"工"，二十五岁以下的同事，可以叫名字。我曾经听到过办公室里荡漾着实习生对同事各种神奇的称呼：喂~哎~那谁？！（情，何以堪啊？）

（2）每个公司都有一个上班打卡的时间，作为实习生，最好提前十五分钟坐在办公室，利用这十五分钟的空余，洗手、倒水、入座……将自己调整到最佳工作状态。

（3）无论是开会，还是带你的师傅布置任务，都要带本子记，不要等着师傅说了二十多条了，发现自己记不住了，打断别人的话回座取本子。

（4）很多公司都有着装上的要求，实习期间，也要习惯穿正装，无论平日上班，还是跟着老大出去汇报，永远不会错。（记得在办公室制备一双球鞋，下工地用）

（5）如果布置的任务有规定的节点时间，请按时完成。遇到不懂的问题，及时提问，不要自己研发，耽误团队的时间和进度；如果遇到不爱回答问题的同事，要理解他，也许他正有棘手的事情在处理，不要把他定性成神经病，嗯！

（6）画图的过程中，带你的师傅会利用上厕所等犄角旮旯的时间来关注一下你的进度，这时候，你要及时起身，不要让师傅在旁边站着给你改图，而你却坐着。

（7）每天下班前，一定要问一下你的直属上级，手上任务的最后期限；不要还有半小时下班，就在打电话约同学晚上在哪唱歌。

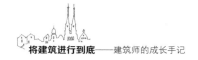
（8）上班时间，不东张西望，不上无关网页，不聊QQ，不玩手机。

（9）不要把自己当大师，你身边的每一个人都比你"大师"，勤奋、执行和服从是基本，创造是附加值。

（10）加油干的同时，别忘记横向和纵向的交流，跟我一起实习的一个建筑系的姑娘，最后跟所里一枚给水排水男喜结良缘了。

四、实习期间，我们到底干些什么

有不少同学跟我抱怨，为什么我实习了一个月，啥也没安排我做？不是让我看图就是让我抄图。

在这里说一句比较刻薄的话，教会一个新人做一件事的时间，师傅可以做同样的三件事。设计院不是大学，没有任何人有义务教你画图，但它会给你提供一个前所未有的实践平台，你会看到一个项目的立体运作过程，经历一个高速运转的团队协作过程，这些东西书本上没有，学校里学不到，局外人不会教，这些经历，是你执业之初的第一桶经验财富。

1. 你实习的目的是什么

目的这事儿说起来很宽泛，一些同学实习的目的就是为了完成学分，当一天和尚撞一天钟嘛，在实习公司待满三个半月，实习鉴定盖个大红章，一切完美。一些大型设计院每年实习生上百，不在乎多你一个少你一个，如果以这为终极目标，设计公司不会跟你故意过不去，往往也会成全你。

还有一些同学比较有进取心，施工图实习嘛，追着师傅好好地学会画施工图，把手里那小图画得漂漂亮亮的，自己刻苦，师傅也喜欢，心情一好，教你的东西自然会更多，所里有啥好吃的也会分给你吃点儿（跑题了）。实习末了，你再和师傅一起吃顿饭，从此奠定了一生的师徒之情，真是人间一段佳话呀。其实对于业内许多的建筑师来说，这虽然是实习生本应具有的最基本的素质，但还是有种可遇不可求之感。

还有一种实习生属于让人"念念不忘型"。实习期虽然短暂，但是给同事留下了深刻的印象，我说的印象不是说早来半个小时，给同事扫地倒水什么的哈，这些事情有人做，不需要在这些没用的地方献殷勤。有才华，且实干敬业的实习生非常少，这概率应该是百里挑一了，所以一旦偶遇，与他共事的人必定念念不忘，多年之后还会回想，当初×××在的时候，哇，这种事儿根本不用费这么大劲，早就解决了。

以上三种类型，我脑海里都有原型，每种类型的学生实习目的其实都不同，不同的目标，衍生出不同的效果。也不知道他们现在都怎么样了，希望都能朝着自己的理想一路狂奔下去。

2. 养成整理的习惯

整理包括时间整理、知识整理、经验整理等。每天临睡前，记录下今天学到的知识，今天的收获以及明天要注意哪些问题。

3. 养成制定计划的习惯

计划是什么？计划即是给自己的时间进行"私人定制"。

一个合理的计划往往会让人事半功倍，如果别人一天是二十四小时，那么有计划的你一天的时间可能就是三十六小时，甚至四十八小时。浑浑噩噩是一天，紧凑有序同样也是一天，走什么样的路，是自己选的。（这话听起来有点"无间道"里的意味呢！）

每周伊始：你这一周想要完成的任务有哪些？（完成后依次打钩）

这一步骤最好的启动时间，就是每周日临睡前。这段时间是一个人思考的

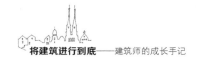

黄金时间，既可以对上一周有个客观的总结，也可以对即将到来的一周有一个理性的期冀。

一个人是需要思考时间的，但别想太多，想太多容易把自己绕进去，咱们学建筑的虽说多少有点唯心主义，但是内心深处总是有一把理性的大旗指引我们上山下海，不是吗？

周计划就像是一周的提纲，抓主要矛盾，抓核心问题。从实习期间养成做"时间计划"的习惯非常有益，为你多年后成为专业负责人、项目负责人、项目经理、项目总监等打下了坚实的基础。

每天伊始：你今天一共有几件事？（完成后依次打钩）

每天上班早来几分钟，除了洗手倒水、环顾四周这些破事以外，抓紧时间制定一日计划。计划这种东西就是从宏观到微观，宏观可以放眼个三年、五年计划（十年以上的就不用提前惦记了，你想太多了），微观上就是聚焦在每日的计划。

建筑系的学生通常计划性很差，这也是为什么大家画个作业也需要熬夜的原因。我们要根治这些恶习，要良性的计划，不要总让自己疲惫不堪。

4.熟悉所在团队的经典设计案例

一个团队就算设计方面再高大全，也总有自己的气质和特长，而这个特长也就是这个团队可持续发展的重要根基。比如你的部门最擅长做机场，比如你的部门最擅长做商业地产，比如你的部门就是做医院的……如果有可能的话，跟老大借文本，仔细地学习；跟总工借图纸，一条线一条线地看，不懂就问。

5.保持沟通

争取在实习期内跟一个高级别的领导有一次深入地长谈（找人家有空的时候哦）。前辈智者的几句话，会给你一个柳暗花明的明天。

　　我曾遇到过几个实习生刚来没多久就跟我切入主题，找我谈话，问我以后有没有可能留在这里工作，我当时感到有点唐突，后来想想，这样提问也蛮好，大家的时间都很宝贵，如果目标明确，那么才能更有的放矢地工作前进呀。任何一个设计公司都不会一句话说死：今年一定不招人！遇到特别优秀的实习生，抢着留还来不及呢。那么问题来了：你会是那个优秀的吗？

　　写到这里，同学们也许会想，这怎么会是一个牛气闪闪的实习生啊？完全是个底层打杂小工的辛酸奋斗初级期啊！宝剑锋从磨砺出，梅花香自苦寒来（嚯！牙酸倒了），话是酸话，理是熟理。

　　我曾经跟一个对自己特别没有信心的小朋友说："每天出门前，什么都不要怕，就当把脸皮贴在鞋底了，勇敢地犯错，不懂就问。你眼前的那些前辈们，大多也是从一看两瞪眼，听什么什么不懂、画什么什么不灵的时候过来的，嘿嘿。"

　　那什么，奔跑吧！少年！

| 罗小姐·小事记A |

■ 不要说高考不是人生的唯一出路,不要说上什么大学真的不重要,不要说那只是人生中的一次考试而已……我今日事业上所有的高潮低谷,感情上的爱恨情仇、失去与拥有、坚定与彷徨,都是拜十几年前的那次为期两日的考试所赐。你能否认它的威力吗?

■ YY跟我感叹,现在东南大学的研究生若本科是外校念的很受歧视。就像其他河里大闸蟹在阳澄湖过下水就算正宗的阳澄湖大闸蟹了吗?说到这里的时候,我俩正巧路过东南大学幼儿园,我指着牌子说,这里出来的一定是正宗阳澄湖的,根正苗红。

■ 年轻的时候,我们都会遇到好多所谓的机会,有的是因为我们先天不努力,有的是因为人们往往不愿意给予我们机会,于是我们跟许多愿望中的美好失之交臂。我们被命运的车轮推着走,不断地滚滚向前。所幸的是,我们依旧年轻,现在和未来仍旧有许多契机,把握当下,完善自我,才会拥有更光明的未来。

■ 有人问,佛光寺大殿到底是个什么东西?这么说吧,在中国建筑史中佛光寺大殿的价值,相当于外国建筑史中的帕特农神庙。如果这俩没见过本尊,

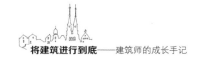

可以说建筑学专业白学了。（我就是那个白学了的）

■ 建筑史的用处就是，无论你做什么，在毕业后的数十年里，你的脚步会遍布碛口、永定、蓟县、应县、雅典、罗马、威尼斯、巴黎、昌迪加尔……吃着油泼面、啃着窝头、咬着披萨、自带着老干妈，用一生的时间奔赴这书中的一个个"巧夺天工"而去。

■ 从前，我们班有个男生（长相略普通），大学五年里没有交过女朋友。我们问他喜欢什么样的？他说，就徐静蕾那样的。再后来，他真的找了个徐静蕾翻版，我们都傻啦。现在想想，这也算"有志者事竟成"的一个案例。有些事儿，先得有个念想，然后就一门心思地去努力实现它，梦想实现的过程大多如此。

■ 上周，所里来了两个四年级的实习生，我对两位同学约法三章：①我布置任务时必须拿笔记，我不信任任何自以为记性好的人，这样做最大的优势就是同样的错误不会犯第二次；②遇到不懂的问题及时询问，不要自我研发，浪费时间耽误进度；③我要求的图纸必须在规定时间完成，如有困难，提前一天以上汇报给我，我好重新整合人力资源。

■ 短时间内判断建筑专业实习生素质的基本方法：①协助主创建筑师完成某平面图绘制，通过测面积、核算指标、单线成图等工作，用以检验其是否具有严谨的制图能力；②给一张总平面图，让他自己设计立面并拉SU模型，用以检验其造型能力及基本软件应用能力；③通过各种小细节观察他对待工作的态度，检验其是否具备初级执业精神。

■ 从前，我有一个师姐，她每学期都会用掉一本A4的速写本，画满了这一学期她觉得有意义的建筑灵感小图。她向我展示的时候按年代排序，2001、

2002、2003……为了追随她神圣的脚步，我于2004年也准备了一个速写本，一学期的时间，我也写满了。除了第一页煞有介事的画了个十字拱之外，竟写了一整本肉麻的人间故事。

■　十年前的冬天，我冒着北京的春雪到处找工作，班里的同学或是家里的关系，或是强大的个人实力，都找到落脚的下家，我望着一个个响亮的"名企"头衔，黯然神伤，一个"非京籍+本科+女生"的头衔足以让年轻的建筑系女生所有的运气消逝在茫茫人海中，岁月给了我们并不惊艳过往，但给了我们一个华丽转身的明天。

■　总是听见姑娘们对未来迷茫：我将来要干什么啊？我的未来十年会怎么样呢？我应该找个什么样的工作？我未来的相公什么样？我走入建筑系大门的那天起，就怀着坚定的信念：我将来一定会是个建筑师，我未来会努力组建自己的建筑设计团队，我总有一天会工作在我心仪的那家设计院，我未来的相公必须是个建筑师。

第二章

路人甲时代

姓　　名: L小姐

年　　龄: 25岁

工作年限: 1~3年

职　　位: 普通设计人员

缺　　点: 进入状态慢，花在适应职场的时间太
　　　　长。

优　　点: 从未放弃，并朝着梦想的方向努力前
　　　　进。

做好手头的事，向着自己的目标，全速前进。

11

"龙套"的自我修养

做好手头的事,向着自己的目标,全速前进。

在罗小姐还很短暂的从业辞典里,我为刚开始工作前三年的自己起了一个很文雅的名字,叫作"龙套"。

何谓"龙套"?就是在戏曲里扮演虾兵蟹将的行当。龙套通常不是以个体出现的,而是一群一组整体撒着欢儿出场,共同进退的那种。其实有时候戏里的龙套也就四个人,然后围着前台,上上下下地跑场,用来制造声势、烘托主角,显得人多势众嘛,有时候主角(主帅)在台上威风凛凛地大呵一声,龙套们在旁边要配合着喊"呦""嘿""啊"等口号,壮观极了。

有人认为"龙套"很苦,最麻烦、最无趣、最累的活,都得由"龙套"做下来,稍有不慎便会被数落;如果很长时间不上道,还有直接被开掉的危险。起得比鸡早,睡得比狗晚,人前没你什么事,背后打掉了牙往肚子里咽,甚至会在夜深人静的时候,咬着被子的一角,黯然神伤、潸然泪下起来。

还有一小部分人认为,"龙套"是幸福的。每天混混日子也挺好的,可以边听歌边画图,每天清晨醒来完全无压力,会有人告诉你这一天该干什么,以及如何去干。虽然人在座位上,但可以关起门来朝天过,躲在小楼成一统,管它冬夏与春秋。

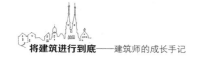
这个世界，仿佛没有人会关心"龙套"们在想什么，整个团队都在狂飙突进，每个人都脚踩风火轮忙作一团。"龙套"们只要跑好自己在台上那两趟，喊好"哼哈"两声，貌似就完成了自身的使命，实现了全部的价值。

有的人的"龙套"期是漫长的，有的人的"龙套"期是短暂的，无论漫长与短暂，"龙套"这个出场方式在我们成长过程中必不可少，星爷的电影里有一本著名的秘籍：《演员的自我修养》，便是"龙套"的真实写照。

不要怕，不要慌，不要怨天尤人。隐隐作痛的"龙套"时期，却是修炼我们自己的最佳时机。

别想太多

在"龙套"期徘徊时，我们通常会被一些自问自答所困惑。"我到底要不要考研？""进大院或者进小设计公司哪个更有前途？""我刚毕业应该做方案还是应该做施工图？"

关于"要不要考研"就像"要不要结婚"一样，是自己的事；无论"进大院"还是"奔小的设计公司"都对前途进行不同的诠释；至于"到底做方案"还是"做施工图"这个问题，哼哼，你问得太早了，此刻不是该想这些的时候。

我们被十万个选A还是选B所困惑，而忘记了此时我们刚从象牙塔里出来，其实什么都不会，却被这些自己给自己设定的莫名其妙的问题牢牢套住，深陷其中。

"龙套"的自我修养的第一条就是：不管做什么，别想太多。再说，来都来了，不是应该满负荷地开动起来吗？

某时尚杂志的主编回忆起自己在杂志社的"龙套"期，她最开始每天做的事就是把杂志放进信封里，然后用胶水糊信封，糊了整整两个月。她当时并没有去想，怎么总做这些事情，我想去做编辑，我想出去跑广告，而是暗暗自嘲道："糊信封，也是时尚的一部分哦。"

所以，别想太多，既来之，则安之；既安排之，则执行之。

做好手头每一件事

每一个团队都有自己的分工，大到一个集团，小到一个普通的项目组。可是，"龙套"们却非常容易在不同的分工中，渐渐"沦陷"了。

大家总是抱怨：为什么他能画总平面图，我只能画楼梯；为什么他能跟着老大去见业主，我只能在楼下跟司机一起蹲点儿；为什么老板开会叫他一起，没叫上我。

新一轮的"十万个为什么"再次走起，这次不再是"选A或选B"的问题，而是在种种比较的浪潮中，变得些许窝火而消沉。

甲方说上次的文本再出三本，我派一个小朋友去盯着出图，几个小时后，他兴高采烈地回来了，抱回来"成果"。我翻开文本一页一页地开始看了起来。我边看，小朋友边在旁边补充："一共三本，没问题的。"

看着看着，我发现文本中间夹了一页白纸，我抬头看了小朋友一眼，继续一页一页地翻。看到平面图时，地下室的某一层平面图重复打印了两张。这个时候，我合上了文本。

我跟小朋友说，盯文本是一件很小的事，但你拿回来的文本，如果是投标文本，就是废标。或者说，我可以不派人去，让出图公司送过来即可，既然派你，我希望以后你能做到：

（1）临走时跟我确认文本页数、顺序及内容，出发前打小样拿去边出图边对照。

（2）临走时跟我确认每张文本的纸张类别及打印形式。

（3）文本装订之前确认每张纸的打印质量，有无打印模糊的情况或纸张呈现污渍的情况。

（4）装订前协助出图公司整理文本顺序，强调叮嘱特别的装订注意事项。

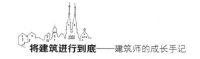

（5）装订后的自较。

我不是强迫症，盯文本盯出图这种看似最基础且没什么技术含量的体力劳动，其实隐藏着许多需要注意的小细节。一个项目的全过程中，有许许多多这样的小细节，用句很"恶俗"的话，细节决定成败一点不为过，每一个细节都不容忽视。

每个人的分工都有它存在的价值。许多公司都派主创级别的组员去盯文本，就是怕编筐编篓的收尾过程出半点差错。

做好手头每一件事，让画楼梯，就画出个漂亮的楼梯，让蹲点儿就眼观六路耳听八方，"龙套"的自我修养不就是从做这些小事开始培养的吗？

保持沟通

我们每天都在慢慢地了解自己，有的人在了解自己的过程中，会越陷越深，觉得自我的力量强大而可怕；有的人在了解自己的过程中，会豁然开朗，忽然发觉，每天忙叨的不就是这点儿事吗。

在为期不长的带团队过程中，我一直坚信：每一个人都是有优点的。而且特别固执地认为：没有人天生不想好好工作，只是没人告诉他，为什么去工作以及如何工作。

老板想要解聘一个试用期刚过的新员工，几个专业负责人普遍反映她工作能力不行，而且有几次在需要她的时候，找不到人，手机也联系不到。老板问到我的时候，我力挺她，我说，她虽然水平有限，对建筑师这个职业的工作性质也没有一个清晰的认识，但我觉得她还有救。

我跟她谈话，我对她说，你有自己的特点，喜欢钻研，喜欢动手画草图，有时候也有一些自己的小想法，这是你的长处；而你的短处便是团队观念的缺失，做事缺乏与人沟通。不过这病也好治，手机先给我保持畅通。

其实她的现象反映了部分90后新人的一个小侧面，其实90后都渴望进步，我们应该给予90后机会改变自己，而不是看不惯，就直接炒了。90后的可塑性非常强，他们不是玩世不恭，观念转变后他们爆发出的力量是惊人的。

保持时刻地沟通，是"龙套"期必须树立的一个重要的团队意识。

事情不会做，立刻要问；事情做不完，立刻要说；发现问题，及时汇报。千万别憋在那儿自己研发，等到酿成大错，补救为时已晚。

明确目标，继续前进

我经常会问团队里的"龙套"们，有什么理想。问到这个问题的时候，大家总是会心一笑。其实，我相信，每个人都有自己的理想，有时候，说出来怕别人笑话，怕听的人心里会想：嘿！就你！也想××？

但我希望团队里的每一个年轻人都有自己的目标，并且是明确的目标。有了目标，才能风雨兼程马不停蹄地奔跑起来。

我跟"龙套"们说，你们做的这些事，我都做过；你们的想法，我都懂；你们要什么，我也都知道。我也是从最底层厨房剥蒜小妹一步步走来的，没什么走不过去的。

给自己定一个方向，就像给自己定下了跑道；给自己定一个终点，我们就努力朝它奔跑。我们必须不断地冲过一个又一个终点，才能让梦想慢慢靠近。

在最艰难的时刻不要放弃自己的理想，在看不到前程的时候，也要大胆地向前走去，不要停在原地，不要自责，是金子总会发光，是竹子，总有一天会长出地面。做好手头的事，想着自己的目标，朝着它全速前进。

当然，在很多前辈的眼里，我也还是个"龙套"。有时在一些重要的会晤场合，会议桌上的老大在看到我出现的时候，也会说，小罗，看起来还是很年轻哦。不过作为一个工作十年的女生，听到这句话，我还是蛮开心的哦。

郭德纲的单口相声里有一句经典台词，我认为放在"龙套"期最合适不过。

"但行好事，莫问前程。"

12
从"龙套"到"影帝"

知己知彼，不说百战不殆，但也至少心中有数，方能"下笔如有神"。

每一个人的"龙套"期，都是最好的历练。肉体上的、精神上的、专业技术上的、体力上的许多方面，都需要在这一时间完成它最初的生长。

我刚毕业的前三年，主要画施工图，从业后短暂的施工图经历对我来说很宝贵，让我日后花更短的时间从方案的主创顺利过渡为专业负责人，甚至项目负责人。所以我不太喜欢回答"毕业后应该去方案所还是施工图所"的问题，殊途可以同归，更多的经历会让我们修炼得更加强大。

刚开始接触方案设计时，我已经有了一定的心理准备，毕竟前三年都在画施工图，关于方案设计那块，武功废得差不多了。当时团队里跟我年纪相仿的同事，在方案设计上都比较有经验，或者说，至少都比我有经验，我已经做好了继续跑"龙套"的准备。

做过方案的大家都懂，方案阶段的"龙套"，无外乎就是，填填色、输输红线之类完全没什么技术含量、别人都不太爱干的杂事，好像跟设计完全不沾边。没错，这些东西我都干过，而且还干得兴高采烈恨不得热泪盈眶，好不容易能做方案，激动还来不及。再说打杂嘛，一回生二回熟，一个新人，努力就是了，不要在乎太多，当然是从零开始做起呀。

幸运的是，由于方案设计项目周期等自身的特性，我的打杂生涯只维持了三个月，我便迎来一个当主创的机会。项目非常非常小，话说，大的项目那时候也不会轮到我，嘿嘿。某酱油集团下属地产公司的住宅开发项目，一共三万多平方米。

我终于有机会开始做户型了，很激动。别笑话我。

很多人会不解：做住宅做户型也配拿来说事？但对当时的我来说，这是第一次真正意义上开始建筑的平面方案设计。**我心情很激动，导致神经末梢很兴奋，因为我知道，从此刻起我要渐渐开始告别我的打杂时代了。**

那几年，住宅的项目铺天盖地，此起彼伏，做到住宅的项目很容易，就像后来的新人一毕业就能有机会参与三十万平方米的综合体一样。而我彼时彼刻，几种小小的户型设计，便可以让我整个人荡漾起来。

既然是做户型，就得对户型有个最基本的认识。那时正值冬季，在会展中心有房展会，我开始搜集最新的住宅户型资料，在展台周围各种异样的目光中，尽可能搜罗最全面的设计资料。当然，说到逛房展会这类的场所，想要拿到最多的资料，有两种方法：要么你拉一个男伴装小夫妻去看房；要么得穿好点。这个地球上，我们仍旧处于人靠衣服，马靠鞍的年代。

两大袋子的资料拿回，把它们分类，整理到不同的牛皮纸袋里。分类按个人习惯，可以以高层、多层、花园洋房、叠拼别墅等；也可以按一梯两户、三户、多户、SOHO公寓等分类。

直至今日，我仍旧保持着搜罗各种设计资料的习惯，面对不同的业主，再进行有针对性的定向研发。知己知彼，不说百战不殆，但也至少心中有数，"下笔如有神"。

当然，理想跟现实差距还是挺大的，第一次做方案，做得不太灵光，反复了很多次。每天加班到很晚。某天其他部门一领导路过，看着屋里的灯还亮着，进来一看就我一个人在那吭哧吭哧"傻画"，问：怎么就你一个人？我很惭愧地说，本来不用加到这么晚的，因为画得慢嘛。

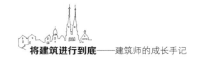

很多事，你只要热爱，就会觉得幸福，别总觉得自己加个班就苦大仇深。

或者可以这样说，那并不是一次真正意义上的"做设计"，只能用"完成设计"来形容，"完成"二字是最低标准，也是最低要求。

我第一次自己画总平面图，第一次自己设计平面，第一次做分析图，成文本。90%的事都是第一次做，虽然做得很艰辛，但还是按部就班地顺利进行着。

结果，交标的前几天，出了一件大事！

领导在重读标书的时候发现了一个致命的问题：标书上注明，这次设计的户型只能是板式，一梯两户。而我将其中一个户型做成了一梯三户。也就是说，如果我按目前的设计交上去，很可能就直接废标了。

晴天霹雳！

提到标书这东西，不得不多说两句。**标书上的字，那是"字字黄金"，一句都不能违反和突破**。投标的负责人，若不是熟读标书五十遍，还真别轻易下笔。而那时，这个项目的总平面、平面、效果图都几近完成，这种重大修改，直接影响到投标能否按时交付。

这件事对我的触动非常大，在多年以后我开始独立负责投标之时，标书就是"圣经"，看五十遍那是打底的，在投标期间，每天的睡前读物、蹲坑读物便非他莫属了。

还好，亡了几只羊后补上了牢，为时未晚。吭哧吭哧，通通修改一遍。

那次的投标的结果是：第二名。

当然后来我知道，投标之后，只有中标才有意义。二三名呢，有的时候，还有点意义。至于其他第五还是第七、第八还是第十，是完全没有任何意义的。

我渐渐开始明白"龙套"和"影帝"的区别，不是人人都能一下子当上"影帝"的，这是一个漫长的修炼过程，滚滚红尘翻它两翻，也未必练得刀枪不入、金刚不坏。若是想要做"影帝"，需要肩负的东西太多，那是智力、体力、毅力、战略、战术等多重能力的历练与考验，不是像"龙套"一样随便附和个"哼哈"两声，就能顺利到达彼岸的。

那天领导跟我说："做投标，中不中标另说，如果做成了废标，那是最受江湖中人耻笑的。记住这一次，我希望你永远不要有这一天。"

我以为我也可以像他们一样，运筹帷幄，决胜千里，直接做"影帝"。一个小规模的住宅做下来，搞得跟跟跄跄，差点还栽了，我便知道我还差得太远。

要炼乾坤大挪移，第一层需七年，第二层加倍，往后则愈发困难，乾坤大挪移秘籍作者本人也只炼到第六成。咱们没有无忌哥哥那水准，我们需要大把时间和大量项目的积淀，一切才刚刚开始而已。

13
师傅 = 恩公

如果你遇到手把手教你的师傅，他便不仅仅是你的师傅了，他是你的恩公啊！

提到"师傅"二字，我脑海里便会闪现出一幕有趣的场景：《西游记》里每逢唐僧被妖怪抓走，悟空、八戒、沙僧就会在丛林里大声音呼唤，师傅……师傅……

师傅大致可分为三种：一种是读书时授业解惑的导师，一种是从业后手把手传授你武功的人；一种是平日里高风亮节伸出手拉你一把的人。

我上大学那会，学生们都"实际"得很，最受大家欢迎的男老师一定是开设计公司开得风生水起的；最受瞩目的女老师，一定是年轻漂亮并且又才华横溢的那种。

我也有很喜欢的老师，十多年前的春天，建筑设计专业课，C老师优雅地给我们改着图上着课，那天她穿一袭黑色束腰长风衣，系彩色丝巾于颈上，背着一个圆形的包。我那时眨巴眨巴眼睛暗暗地想，女神应该就是这样吧。每个人年少时都向往变成那个想象中未来的自己，我努力了十多年，嘿嘿，现在就差体重了。

C老师那门大设计课，最终给我打了七十分。这导致我毕业后很多年一直跟她"嚼舌根"，女神依旧从容的回答："成绩嘛，该怎么打还怎么打，经得起打击才能茁壮成长！"

那天，C老师对我说："你知道吗？在咱们建筑圈儿里，没有女神，只有男神和婶儿。"我恍然大悟，如梦初醒，是啊，女建筑师确实是不好混，我选了一条并不平坦的道路。

但幸好，在前方，还有女前辈们依旧以傲人的风骨感化着我，督促着我。看见依旧美丽的她们，我便好似看见了自己美好的未来。

毕业后参加工作，第一个带我画图的小师傅细皮嫩肉的，我是建筑设计人员，他是专业负责人。那时候他工作五年有余，白白净净，给我印象最深的是，他有一双如姑娘般特别小的手。我们一起从一个项目的报批开始做，他分配我画什么，我就画什么。

他跟我说，他刚毕业的时候，带他画图的师傅特别凶，总骂他，所有的人都怕他，他现在看了他还会怕。每当我有些图无从下笔的时候，他就给我来很多他以前画过的图让我参考，边参考还会边跟我介绍："你知道吗？这张总平，我画了一天一夜；那套墙身，我画了足足两个月……"

他在我眼里是个典型地加班狂，责任心爆棚的那种。经常在清晨看他头发蓬乱地伏在办公桌上，一问才知，原来一宿都没回去，第二天继续加油干。

后来有一天，他离职了，我问他去哪儿？他说去青海，我说你一个南方人去青海做什么？他说，青海一家设计院，给他年薪六十万。那时候大家都瞠目结舌，心里狐疑而嘀咕替他担忧，嘴上仍旧是满口的祝福。

再过几年，我知道他在西安落了脚，经营着一家设计院，手下百十来号人，干得有声有色，还是一张娃娃脸，还是那么拼。

我现在已经开始主持项目，但每一年的教师节，我都会给他发一条信息，祝他节日快乐。**他是从输总图坐标开始教我画图的那个人，他是第一个在职场上带我画图的小师傅。**

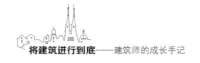

我在专业上的迅速成长，一定要提及S总。

我刚来到S总麾下的时候，对方案设计真可以说是有点业余，并且还稳定地保持念书时的那两把刷子。

一块大平地，教我如何从无到有；几万平方米的地下室，教我如何迅速而合理地切分其功能；做商业，教我搞清楚各种功能区块、竖向交通、出入口；做酒店，最让人疑惑的地下室后勤部分，教我如何能扫得门儿清；做住宅，教我通过容积率，立刻估出楼群的大致体量，做到大致不差；做山地，教我如何通过设计拯救并利用如此大的地形高差。

他带我做了许多的项目，通过这些项目，让我从一个普通设计人员，进化成专业负责人，到项目负责人。

他教会了我在项目中如何分析问题所在，怎样能更好地解决问题。内练一口气，外练筋骨皮。**我至今虽仍旧不算身怀绝技，但至少可以说练就了自己能养活自己的本领，而这些本领，就算不做建筑这一行，也一定是受用终生的。**

在漫长的建筑之旅中，我有幸遇到了另外一些人，他们无私地帮助了我，在不经意间成了我的师傅。

某商业项目，地下室近十万平方米。对别人我不知道，但对我来说，那真可以算是史无前例的巨无霸型地下室了。对于防火分隔的问题，跟消防一直沟通不清楚，那时候，我脑子一度都木了。

我猛然间想起X总曾经开讲座专门讲过地下室的设计，我拿起电话打给X总，×总救我于水火，手握电话，翻着防火规范，就防火分隔的问题一条一条给我讲解，跟我足足地掰扯了四十多分钟，直到把榆木脑袋的我讲懂了才罢休。我感动极了，对X总说："您真是中国好总建。"

某办公项目密集的居民区里，有两座百米办公楼。需要计算项目对周边居住建筑的日照影响。而在那时，我只会一些简易的日照分析，并不懂得如何更系统而专业地算日照。

规划局有一个部门专门负责核查建筑项目的日照。在那个阶段，我每天都9点钟准时到规划局，跟着负责算这个项目日照的女孩一起上班，搬一板凳坐她旁边，厚着脸皮跟她学如何正确而规范地做日照分析。

在计算的过程中，根据实际情况，我在旁边及时地进行方案的调整，调整出一种方案，她立刻核查。就这样一轮又一轮，在建筑总平面改动最小的情况之下，顺利地解决了日照的问题。而我，通过两天全天候地"陪练"，竟然熟练地掌握了日照分析在建模和计算中的各种小窍门。

这个做日照分析的姑娘，成了我在日照问题上的小师傅，项目报建通过之后，为了感谢她授业解惑跟我并肩作战共同解决问题，我送给她一只小小的毛茸猩猩。

从业以后，慢慢觉得，不是所有的东西都是一个师傅教一个徒弟学。**我们平日里需要保持一颗敏锐地心，以积极的态度学习新的事物。当遇到困难时，解决问题的过程，其实就是学习的过程。**一道道难关渡过去了，我们自然就变得强大起来。

建筑职场犹如大锅煮饺子，竞争激烈，暗流涌动。遇不遇得到好的师傅，有时候真的是机缘造化。

一位资深的建筑师跟我谈起了他职业生涯中曾经的一个徒弟，我们先叫他C君吧。C君不是五年制科班出身，他刚入行的时候，是以制图员的身份配给资深建筑师的。

资深建筑师那时候已是项目主持人，所里配C君给他与其说配了一个制图员，不如说是配了一个助理，C君本来的任务只是配合资深建筑师完成所有乱七八糟需要完成的东西，包括跑腿。

资深建筑师说，C君是外地人，家境贫寒，刚来的时候，业务上基本可以用"呵呵"来形容，标准菜鸟一枚。资深建筑师找了个机会跟所长说：给C君配一个新电脑，我来教他画图。大家都知道，很多年前，新人通常只能用所里

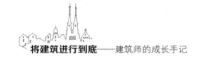

淘汰下来最烂的电脑，而资深建筑师给所长的理由是，C君以后有大量的图要画，他值得用最好的电脑。于是C君在所有人艳羡的眼光中成了资深建筑师的徒弟。

C君的施工图生涯正式开始，资深建筑师以最严格的要求，教会了他画施工图，每年画十几个地下室，工作强度非常高，别人完成不了的C君也必须完成。资深建筑师付出最大的心血对这个他所有徒弟中基础最差的徒弟，我们都知道，有经验的师傅提点你一句，相当于自己钻研一星期，钻研之后还有可能入了左道旁门，与真相相去甚远。

于是，在资深建筑师毫无保留地循循善诱之下，十年间，C君甚至成了该设计院人防地下室青壮派第一人，职位也从制图员变成了副所长。

C君找不着对象，资深建筑师跟着努力张罗撮合；C君结婚后老婆生孩子，资深建筑师跟着忙前忙后，带着C君的媳妇产检；C君在工作中有任何问题，资深建筑师多年来不遗余力地帮他解燃眉之急……

说到这里，资深建筑师有些神伤。今天的C君已经远走高飞，在同一个城市却杳无音信。逢年过节，甚至连一个祝福信息都没有。资深建筑师说，他真的像培养自己儿子一样培养这个徒弟，但是，真心不一定换回真心，他心寒。

切记：如果你遇到一个对你要求严格，把你当种子选手一样培养的师傅，请一定要珍惜。那绝对是你上辈子修来的造化，他不仅仅是你的师傅，他是你的恩公啊！

14

你不是一个人在战斗

在需要的时候，我们挺身而出，助自己的战友一臂之力。

● 补位记

曾经有一段时间，我负责项目里的专业负责人A比较萎靡，当时他正值恋爱低迷期，相恋多年的女友欲离他而去。在爱情战场上拼杀过的人都懂，在这要分不分、欲走还留的尴尬时刻，最是百爪挠肝，磨人心脾。

A一直是个战斗力爆表的黄金圣斗士，我们一起配合完成了许多艰难而曲折的项目，在一次又一次同甘共苦中凝结出了深厚的战斗友谊。

每每加班到深夜，他常说，你先回去吧，我做好了把图纸发给你看，这里的事儿交给我。然后他就带着项目组的同事，继续奋战。

在他情绪阴郁低迷之际，这个项目有一处很紧急的图纸修改。而那天正是专业负责人A的生日，他要跟女友吃最后一顿"分手饭"。

他的痛苦，我看在眼里，七尺男儿被情爱之事折磨得精疲力竭，让人心疼。也许今日之宴，他可以重获新生又是一条好汉。我对A说，你去吧，把你的总图转给我。A感动不已，人去赴约。

那日过后，A以最快的速度恢复了战斗力，继续延续他那"黄沙百战穿金甲，不破楼兰终不还"的战斗热情。

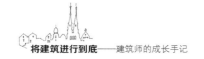

这是一个平日里常见的互相补位的故事。**我们不是超人，而面对工作谁都有小宇宙低迷期，在需要的时候，我们挺身而出，助自己的战友一臂之力。**我们互相支持，才能顺利地完成设计任务。

● 站岗记

某项目投标交标的前一天，不同分工的人完成的进度并不同。一部分同事已经完成了他负责的那部分内容，而有的人还在进行最后的收尾。

已完成手头工作的B跟我请示，他那部分完了，没什么事是不是可以先撤退了？

我微笑着回答："不行。"

在几年前，还是"龙套"的我，也遇到过几乎一样的场景。所里全力以赴投一个重要的投标，我那部分比较简单，所以提早完成。我跟领导问了和B一样的问题，一字不差。

很显然，我被无情地拒绝了。当时还有点情绪，我为啥不能走呢？其他人正忙的那些以我彼时的资历水平，还帮不上忙，我完成我手里那点东西其实真的可以下班了啊！

而就在那天晚上，最后关头，项目出现了一部分临时调整，如多米诺骨牌一样，随之而来的是许多环节都需要跟随紧急修改，其中就包括我做的那些在我看来"无关紧要"的东西。

我明白了上司的用意。**不到交图那一刻，总会有预想不到的事情发生，而团队协作的重要表现之一，就是坚守岗位，因为最清楚你那部分图纸的只有你自己。**

一个人的成长，技术水平是一方面。每经历一个项目，每经历一件事，意识上的成长在我看来更为至关重要。

每个"龙套"都有机会成为"影帝"，"龙套"期的我们也要以"影帝"的标准来要求自己。

● 午夜凶铃记

《穿普拉达的女王》（The Devil Wears Prada）的电影里，安妮海瑟薇饰演的女主角，在顶级时尚杂志社当主编助理，她被折磨得义愤填膺几近崩溃，却无计可施。她从初入职场的抱怨、迷糊、不解，再到如鱼得水、进退自如，最后成长为一个出色的职场达人。

而影片的开头她被要求手机二十四小时开机，随时待命。当时看这个电影的时候，我心里也暗骂啊，真变态啊，要不要有点私人空间了啊？到底还能不能一起愉快的玩耍啦？

新闻界里对"突发"一词的体悟更为深刻。所有的在案记者，最怕的就是"突发"。在一座城市里一旦哪里有煤气罐爆炸、公共场所失火、持枪抢劫、人质威胁、警匪枪战等事件，他们无论在饭桌还是被窝都得立刻出现在事故现场。他们的工作手机，是二十四小时开机的。

而在我们建筑师平日的工作里，也可以举出这样一个例子。

傍晚，已下班。一个项目出现了突发状况，需要紧急地修改，翌日才能汇报，出差的同事已经到达了，需要我们这边的团队进行配合。咱先不说负责人跟甲方定这个时间到底是不是很人性，毕竟各种人力不可左右的因素还挺多，因为毕竟是突发，咱们就要以突发状况来对待。

项目负责人给相关设计人员打电话。

打给A，A关机了，确实有一些朋友喜欢下班后就关机，本着眼不见为静的原则，用阿Q精神武装自己，关机了就当手机从没响过。

打给B，电话是通了，却始终没人接。有时候会遭遇这样的项目配合者，只要是非工作时间，无论天大的事，就算他领导给他打电话，也一概不接，彪悍得不得了。他们的理论也很直接：我上班拿我这份钱，下班的时间就是我自己的，休想占用。

打给C，C很给力很有责任心，很快现身工作岗位，边工作边试探性询问："我明天上午可以不来吗？"

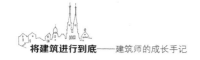

打给D，D马上意识到事情的紧急性和严峻性，立刻跟大家一起并肩战斗起来，直到问题顺利解决。

ABCD是我们工作中的同伴，是我们中间的你我他。

对于"午夜凶铃"事件，我曾经有过深刻的体会。曾经有一个项目处在最艰难紧迫的时期，每天早上8点，甲方会准时给我打电话沟通项目的最新进展；而深夜，甲方们还会打电话跟我进行设计及修改的讨论。**在这样的"早安""晚安"的包围下，我没有丝毫的抵触情绪，我在想：我的甲方们都这么拼，我有什么理由不努力呢？**

于是在这样一个个清晨及深夜，我们建立了坚不可摧的战斗友谊。

● 西天取经记

我把出差比作去西天取经。做外地的项目，难免要出差。往往出差的事情都是比较紧急的，或需要立刻解决的。

第二天需要派人出差，负责人于前一天下午问项目组的成员，谁去？

问到A，A犹豫地说："明天我不能去，我老婆明天孕检，我要陪她。"很明显，A去了不，很多朋友会觉得，A的理由自然而平实，如果是一个很人性化的公司，很有爱的领导会很容易理解。

问到B，B理直气壮地说："我身份证丢了，正补办，最近都不能出差哦。"B的理由也没什么值得说道的地方，身份证丢了，虽不能说绝对不能坐飞机，但办起手续来也不是那么便捷，再说，没有身份证，住酒店也成了问题。

问到C，C指了指旁边，说："让李工去，这项目不是他一直跟进的吗？"C的理由也很客观，这个项目C没有参与，或者参与得不多，他为什么要替别人去当这个先行官？再说出了娄子，他也抗不住啊！

问到D，D二话不说："没问题，几点出发？"

我们不在此评判ABCD对待"西天取经"事件的做法，同一件事，每个人的应对方式不同，而将他们统一放在一起，便会渐渐体悟出自己的答案。

我们在不知不觉中会与很多人和事发生关系，每个个体，既独立又和大家息息相关。而我们的每一个举动看似微小，却默默地左右着事态的发展。城门失火，可以殃及池鱼；星星之火，也可以燎原。那至少站在正能量的一面吧，问了心，无愧嘛。

15

私人定制神器

"含笑半步颠"，驰骋江湖，居家旅行，必备良药。

作为广大人民群众的我们，无法像盖里叔叔一样，随便画一团草图就能将梦想照进现实。我们每天面对的还是十八般武艺、七十二般兵器的基础款。比如，以下这些软件。（看到以下软件如若让你在阅读中造成眩晕、恶心、胸闷等不适状况，请及时就医）

CAD，每个人都会，劳碌命软件；

SU，最快上手的造型软件；

PS，最常用的图片制作处理软件；

Indesign，Pagemaker排版软件；

美图秀秀、美颜相机、Vsco……这些个你懂的。

正是以上这些"噩梦"让我们年纪轻轻就得了颈椎病、肩周炎、腰肌劳损等可见疾病，甚至X功能障碍、精子质量下降等不可见疾病。

但是，没办法，但凡要吃饭，就得要干活。咱们没事得给自己做些心理暗示，俗称：打鸡血。例如，每天上班坐定，打开CAD，男生们可以拿它当苍老师看；女生们就得拿它当淘宝爆款来瞧，那是一块多么让人血脉喷张激情四射的黑屏啊。

今天撇开让人抓狂的CAD不谈，单讲一个在我心中热爱指数很高的软件：Microsoft Office Excel

OK！你没有看错！这回咱们说的就是Excel。

Excel被我喻为私人定制神器，一点不为过。我可以负责任地说，如果你熟练地应用它，你会发现你进入了一个奇妙的世界，你的人生将要开启新的私人定制篇章。

1. 万能计算器

某日，在一个女建筑师家里做客，她先生是个管理学博士，当时在读，正在紧张地修改着某个在我看来宛若天书的Excel报表。

看着他熟练地对报表里的数据逐个修改，然后满屏幕数据都以迅雷不及掩耳之势切换飞旋。我，惊呆了。

我那时候住宅做得比较多，对数据的应用最频繁地就数计算住宅中的各种指标，使用面积、阳台面积、建筑面积、公摊面积，尤其一提到公摊，更是让人头大，大公摊小公摊牵一发而动全身，总让人算得有种"鞠躬尽瘁"的错觉。（我打杂的内容当然包括勇当各种人力计算器）

算面积是孤独的。虽都是些基础的计算，但建筑师通常数学都不太灵（主要是我不灵），有些人一算就错。由于我们的工作性质，面积反复算的事常有，占用了我们很多的时间。

打杂的时候总是不服气，不就是算面积那点破事吗？有什么技术含量啊？

我曾经有个很糟糕的毛病，算技术经济指标永远算错。为此没少被领导骂，我花了很长时间战胜了自己的弱点。开始负责项目以后，我不用自己再去算面积了，但我对算指标异常严厉苛刻。如果业主问我，零售商铺面积多少？我告诉他三万平方米，过了好几天，我又告诉他，刚算错了，其实是一万五千

平方米。

这熊样谁还敢找你做设计？

而彻底拯救我的就是Excel神器。

Excel的彪悍之处在于，它不同于普通的计算器，它有强大的检查纠错功能。有的项目周期很长，但Excel里却有最完整的计算历史。

其实广大设计机构已经对Excel的计算功能广泛应用了，而我也自认为较晚才将它用在这些劳心费神却不允许出错的工作中。

一个面积计算过程，不需要什么华丽的装饰，简洁直观且耐改。因为数据的反复修改是很经常的，有时看似一个简单的小修改，却给我们带来不小的工作量。

我们可以在项目进程中，根据自己的习惯在每个Excel表格的显著位置注明绘制表格的日期、修改原因等。这样，在整个项目周期，各种修改、反复、因果一目了然，如果想兜回至某个时间点，也会更加便捷，容易操作。

可见，Excel为建筑设计中涉及的数据计算赋予了新的意义。如今，Excel已经成为上到项目负责人、下到绘图员都不可割舍的万能计算器了。

2. 设计进程表

我在前文《我们可以不熬夜》中提到过这个设计进程表。用Excel来制作设计进程表，这种方式在地产公司已经得到普及。每一个项目经理都是一个强大的人力制表机器。配合的过程，也是互相学习的过程，几个项目的洗礼，在项目管理方面，甲方真的教会了我很多。

我从另一个甲方那里学到了可以用Excel制定设计任务书，并受用至今。工作中那些学到的东西，大多数不是传统意义上的一个人教一个人学，很多学习的机会都是摆在我们眼前，就看我们有没有意识到，把别人的长处变成自己的利戟。

后来，只要是我负责的项目，都会下达一个花花绿绿的设计进程Excel表，内容设计进程以及各节点的最后期限，很直观，这方式貌似有些机械、有点冷血，但真正使用起来，实际而奏效。

我的设计进程表中，周六和周日没有任何安排，但很多节点都在周一。这需要我们自己调整好自己的节奏，高效地完成手头的工作。我一直在工作中强调周一的重要性，周一是什么？春回大地，万物复苏。一个重视周一的人，就是一个有明天的人。

3. 一个完美的私人计划

我对Excel从陌生到熟悉，再到渐渐有了一些自己的感觉。我开始尝试把它应用到我的生活中，这使我对Excel这个纯工具有了很私人的感情，我是个条理特别清晰的人，我生活中的很多细节，都会以Excel的形式呈现出来的，比如旅行。

2011年，我开始制订自己的建筑旅行计划，而英国就是我自由行的第一站。

在这次旅行中，我开始正式将Excel的应用植入我的旅行计划里。我以地铁站为坐标轴，将想要去的景点，一一排列。这是一个很简单的Excel操作应用，却带给我旅行中最直观的指引与便捷的行程调整。

伦敦旅行计划Excel图表

区域	目的地	地铁站	地铁线		
Goodge Street	University College London 伦敦大学学院	Goodge Street	Nothern		
	British Museum 大英博物馆	Goodge Street	Nothern		
	Pollock's Toy Museum 波洛克玩具博物馆	Goodge Street	Nothern		
	名人故居集合	Goodge Street	Nothern		
	Paperchase 个性玩具店	Goodge Street	Nothern		
	James Smith & Sons Ltd 百年手杖及雨伞店	Tottenham Court Road			

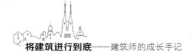

（续）

区域	目的地	地铁站	地铁线		
Piccadilly Circus	Britain and London Visitor Centre 游客中心	Piccadilly Circus	Piccadilly	Bakerloo Lind	
	Royal Academy of Arts 皇家美术学院	Piccadilly Circus	Piccadilly	Bakerloo Lind	
	Leicester Spuare 莱斯特广场	Leicester Spuare	Piccadilly	Nothern	
	TKTS音乐剧折扣卖票亭	Leicester Spuare	Piccadilly	Nothern	
	National Portrait Hallery 国家肖像画廊	Leicester Spuare	Piccadilly	Nothern	
	Green Park 绿地公园	Green Park	Piccadilly	Victoria	Jubilee
	Trafalgar Square 特拉法加广场	Charing Cross	Bakerloo Lind	Nothern	
	The National Gallery 国家画廊	Charing Cross	Bakerloo Lind	Nothern	
	The Institute of Contemporary Arts, ICA 当代艺术中心	Charing Cross	Bakerloo Lind	Nothern	
	The Phtographers' Gallery 摄影家画廊	Charing Cross	Bakerloo Lind	Nothern	
Covent Garden	Covent Garden Market 科文特加登文集	Covent Garden	Piccadilly		
	London Transport Museum 伦敦交通博物馆	Covent Garden	Piccadilly		
	Somerset House 萨默塞特官	Temple	Circle	District	
Westminster	Westminster Abbey 威斯敏斯特教堂	Westminster	Jubilee	Circle	District
	Parliament 国会大厦	Westminster	Jubilee	Circle	District
	Big Ben 笨钟	Westminster	Jubilee	Circle	District
	Buckingham Palace 白金汉官	St.James's Park		Circle	District
	The Queen's Gallery 女王画廊	St.James's Park		Circle	District
	The Royal Mews 皇家马厩	Victoria	Victoria	Circle	District
	Tate Britain 不列颠泰特美术馆	Westminster	Jubilee	Circle	District
	London Eye	Westminster	Jubilee	Circle	District
	Dali Universe 达利世界	Westminster	Jubilee	Circle	District

（续）

区域	目的地	地铁站	地铁线		
Oxford Circus	牛津广场the shop/H&M/NEXT/John Lewis 百货	Oxford Circus	Victoria	Bakerloo Lind	Central
	Carnaby Street 购物街	Oxford Circus	Victoria	Bakerloo Lind	Central
	Regent Street 摄政街	Oxford Circus	Victoria	Bakerloo Lind	Central
	Bond Street 邦德街	Bond Street	Central	Jubilee	
	The Wallace Collection 华莱士收藏馆	Bond Street	Central	Jubilee	
Tower Hill	Tower of London 伦敦塔	Tower Hill	Circle	District	
	Design Museun 设计博物馆	Tower Hill	Circle	District	
	Tower Bridge 塔桥	Tower Hill	Circle	District	
	City Hall 伦敦市政厅	Tower Hill	Circle	District	
Kinghtsbridge	Natural History Museum 自然历史博物馆	South Kensington	Piccadilly	Circle	District
	Science Museum 科学博物馆	South Kensington	Piccadilly	Circle	District
	Victoria and Albert Museum 维多利亚和艾伯特博物馆	South Kensington	Piccadilly	Circle	District
	Harrods 哈罗德	Kinghtsbridge 或South Kensington	Piccadilly		
	Kinsington Gardens 肯辛顿花园	Lancaster Gate	Central		
	Hyde Park	Hyde Park Corner	Piccadilly		
	Wellington Arch 威灵顿门	Hyde Park Corner	Piccadilly		
	Kensington Palace 肯辛顿宫	Queensway	Central		
	Royal Albert Hall 皇家艾伯特厅	South Kensington	Piccadilly	Circle	District
	Saatch Gallery 萨奇画廊	Sloane Square	Circle	District	

（续）

区域	目的地	地铁站	地铁线		
St Paul's	St Paul's Cathedral 圣保罗大教堂	St Paul's	Central		
	The Millennium Bridge 千禧桥	Blackfriars 或Mansion House	Circle	District	
	Tate Modern 泰特现代美术馆	Blackfriars 或Mansion House	Circle	District	
	Barbican Centre 巴比肯中心	Barbican	Hammersmith & City	Circle	Metropolitan
	Museum of London 伦敦博物馆	Barbican	Hammersmith & City	Circle	Metropolitan
Baker Street	Rengent's Park 摄政公园	Baker Street	Hammersmith & City	Circle	Metropolitan
	The Sherlock Holmes Museum 福尔摩斯博物馆	Baker Street	Hammersmith & City	Circle	Metropolitan
	Madame Tussands 杜莎夫人蜡像馆	Baker Street	Hammersmith & City	Circle	Metropolitan

2013年的欧洲建筑旅行中，我仍旧使用这一神器。

意大利旅行计划Excel图表

日期	地点	开门时间	车站	地铁线
9.16	厦门-香港	20:00-21:30		
	香港-米兰	1:00-07:30		
9.17	米兰Malpensa Shuttle机场快车到Cadorna火车站，转绿线到Centrale FS		入住Centrale附近	
	DUOMO 米兰大教堂	7:00-19:00开放；屋顶: 9:00-16:45	DUOMO	5站
	Galleria Vittorio Emanuele II		DUOMO	
	Teatro Alla Scala 斯卡拉歌剧院	9: 00-12:0 14:00-17:00	DUOMO	
	Quadrilatero Della Moda 精品区		San Babila	DUOMO 下一站
	Anta Maria Delle Grazie 圣玛利亚感恩教堂	7:00-12:30 15:00-19:00	Cadorna	5站
	Sant'Ambrogio 圣安布鲁乔教堂	9:00-12:00 14:30-17:00	Sant'Ambrogio	Cadorna 下一站

（续）

日期	地点	开门时间	车站	地铁线	
	Milano Centrale-Roma Termini, 9:00-11:55			入住Termini附近	
	Patheon 罗马万神庙	8:30-19:30（平），9:00-18:00（周日）	打车		
	Santa Maria Sopra Minerva米内瓦圣母教堂	07:00-12:00，16:00-19:00	万神庙旁边		
	Santa Agnese in Agone 圣依搦斯蒙难教堂		万神庙旁边		
	Piazza Navona 纳沃那广场		万神庙旁边		
	Colosseo 罗马圆形竞技场	8:30-19:15（夏）8:30-16:30（冬）	Colosseo	B	
9.18	Foro Romano 古罗马市集	8:30-19:15	Colosseo	B	
	Mercati Traianei 图拉真市场	9:00-19:00（二到日）	Colosseo	B	
	Palatino帕拉蒂诺山丘	8:30-19:15（夏）8:30-16:30（冬）	Colosseo	B	
	Foro Boaio 牛市集真理之口	不限时	Colosseo	B	
	Piazza Venzia 威尼斯广场		Colosseo	B	
	Circo Massimo 大竞技场	免费不限时向全城开放	Circo Massimo	B	Colosseo附近
	Terme di Caracalla 卡拉卡拉浴场	9:00-19:15（二到日）	Circo Massimo	B	

　　Excel是一款非常好用的计划定制软件，无论是做流程还是旅程，有时候做着做着，便成了乐趣，将许多枯燥乏味或毫无头绪的事，梳理得井井有条，做着做着还会上瘾呢，那欢愉让人欲罢不能。

　　偷偷告诉大家，我曾经在小范围开过一个私人分享会，姑娘们已经开始用Excel这个人生神器，来定制：

约会；

恋爱；

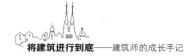

相亲对象的分类；

婚礼；

排卵期；

....

哈哈哈哈！

16
建筑师穿衣指南

如果是男人，我会特别留意他的手；如果是女人，我会特别留意她的鞋。

年初的时候，在网上看见一段视频，两个国外建筑师穿着西装又蹦又跳的唱RAP。节奏感很强，叨不叨叨不叨，每句都砸在心坎上。尤其，视频的开头第一句竟然是：呦！我的红线呢？"Yo, Where my red lines at？"这句在不经意间一念出来，就注定了整首曲子在黑色幽默中兼带务实的基调。

这段说唱里多次提及建筑师的着装，说我们建筑师喜欢戴圆眼镜，缘于盯电脑显示屏盯太久了；建筑师们都喜欢穿棉西装，在他人的眼中我们总是点点头微微笑；建筑师们不迷恋名牌，但穿衣都有自己的风格。

再看两位男主唱，均是黑色无领衬衣，一个外搭麻灰色西装，一个外搭米色西装，两个标准的职业建筑师穿着。

世界上每一个国家地区都流行自己的穿衣风格，但无论潮流风向如何变换，唯有建筑师这个的职业的穿衣风格是不分地域、国际统一的。正如我们看到的全球男建筑师们爱穿黑衬衣搭配西装一样。

真的是这样吗？

我们是建筑师，不是送外卖的小哥，不是房产经济师，不是投行，不是……其实说实话，大多数的建筑师是不修边幅的。由于工作繁忙，建筑师们的业余时间非常有限，我们可以花大把时间研究建筑应该披个什么样的表皮，

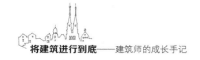
但我们绝对不允许自己将更多的精力放在到底要穿什么这种"小事"上。

与其矛盾的是,我们总要"被迫"出席一些重要场合,此时我们又不得不闪亮登场。不为别的,只为你兢兢业业、含辛茹苦努力了小半年的项目,今日汇报在此一举,你忍心套上你那从箱子底翻出来、"褶皱感"十足、对缝不平的西装,然后闪亮登场吗?

抑或,今天有重要的业主来考察,老板携高管穿戴装配整齐,带领客户一路寒暄走进电梯。电梯开门的一刹那,前一晚加班到深夜的"结构男"突然裤衩+人字拖+T恤,睡眼惺忪地出现。(结构男勿怒,我举反例通常是拿你们哈。)

情!何以堪呐!

没错,这个时候,我们必须扮"影帝"!着一身立蟒战袍,杀到阵前去,不是吗?

舒适和简洁是我们对服饰的第一要求,极简而不做作让我们与室内设计师、工业设计师们划清了界限。不是故意黑其他设计师哦,他们在很多细节上很有想法,但是建筑师和其他设计师真的一眼就能分辨得出来,因为我们比较土嘛。

我们已经被职业严重洗脑,我们崇尚单色,崇尚简洁,用生命在抵制一切巴洛克、洛可可的东西。譬如说,罗小姐在拉开自己衣橱的那一刹那,瞬间被单色的、连个暗花的都没有的衣服所淹没,黑、红、白、蓝、绿、灰……

要是能找出个蕾丝边的,那不是骂人吗?

来,让我们一起来感受一下建筑师的穿衣调调:

● **建筑师普遍喜欢穿黑**

大多数建筑师都是"黑衣症"患者,当然,我也是其一。地球上随便一场建筑师年会或高峰论坛中,更是在穿黑细节上,拼出了风格赛出了水平。许多建筑师在面对"为什么总穿黑"这个问题上,答案出奇的一致——

有一本很神奇的书《为什么建筑师穿黑色》(Why Do Architects Wear

Black？），里面解释说，穿黑色系可以使自己看起来更瘦一点。

还有一种说法，说喜欢穿黑色的人其实内心是非常情绪化的人，而黑色是最好的保护色。在黑色的掩盖之下，可以让自己的心绪平和、镇定自若。同时，黑色会给人以力量的错觉，黑色如盔甲一般保护自己的同时，也成为视觉的武器，让穿黑的人更彰显出强势和威慑力。

好吧，其实广大建筑师都爱穿黑的原因可能非常简单：实在太忙了！根本没有时间想怎么搭配！全身穿黑！一定不会出错！呼尔嘿哟！

● 伊东丰雄是老年组建筑师模特的代表

伊东老爷子虽然已经年过七十了，但我一直认为他是非常会穿的男建筑师。尤其是在中老年著名建筑师组，真的是"倚天不出，谁与争锋"呐！他有很多漂亮的衬衫，之所以用"漂亮"这个词，是因为以他的年龄还能驾驭如此艳丽的风格款式，实属不易，只能用气场强大来解释。

据说，他平日里的穿着是非常朴素的，那些花里胡哨的衬衫都是事务所的同事们给他买的，特别以前有个叫妹岛的同事，就经常买。

伊东大爷算是白衬衣的忠实粉丝了，他还有一副标志性的白框眼镜，大家在他身上可以感受一下经典的"黑白配"。

我本人比较喜欢他那件翠绿色的衬衣，还有那件印染着粉红色大花朵的白色衬衣，真是千般妩媚万种风情啊。

● 扎哈的女神系经典案例

扎哈小姐应该算是当今建筑界最受争议的一位女神了，她的穿衣素以气场强大著称，除了那一头飘逸的长发，坚若磐石的体重之外，最重要的搭配，便是那一件件轮廓分明的衣服，她可是山本耀司的铁粉。

很多建筑师都是山本耀司迷。山本耀司与三宅一生、川久保玲一起喜欢把建筑风格与服装设计结合起来。对于很多建筑师来说，穿他们的衣服，就像把

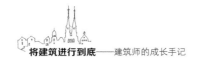

建筑穿在了身上一样。（建筑师就是这么唯心主义。）

● 石上纯也的穿衣圣经

石上纯也在SANNA事务所工作了四年，后来成立了自己的事务所。

有人说石上纯也让大家熟知是因为他设计的山本耀司在纽约的旗舰店，也有人说是那座神奈川工科大学 KAIT工房奠定了他的江湖地位。

但他给我留下最深印象的却是他冬日着装中的经典标配：一头浓密卷曲的长发，身着呢子大衣配球鞋。但这种感觉不要轻易尝试，一头混沌不堪的长发为此种配搭的基调刷了底，但很可惜，他后来剪了短发，个人认为他在长发时代更酷些。

● 罗小姐的穿衣小贴士：

（1）衣服是黑色，永远不会错。

男人们都穿黑，这样姑娘们就可以当万黑丛中一点红啦！

（2）要想当男神，优质衬衫是标配。

建筑师男装中的亮点不是手表，而是一件优质的衬衫。

（3）剪裁要得体，领口袖口要体现精细化设计。

作为时尚标杆的意大利服装，在领口和袖口都喜欢大做文章，品牌无外乎那几个。还有本土的许多独立设计师、独立设计品牌也很不错，我们每一天都与美打交道，都有一双发现美的眼睛，不是吗？

（4）服装的质地往往比款式更重要。

质地不是给别人看的，我们最终的目的不是取悦别人，而是取悦自己。

（5）鞋子反映一个人的终极生活品质和品位。

脚舒不舒服，自己最知道，我一直坚信一双好鞋会指引我们走上幸福的路。

（6）一双柔软而干净的手，是最容易被忽视的肢体细节。

如果是男人，我会特别留意他的手；如果是女人，我会特别留意她的鞋。

17
建筑师扫楼记

跟很多人相比，我没有足够的经验，但我愿意执着地通过双脚去走，透
过双眼去看。

有的时候，我觉得建筑师都有当联邦调查员和克格勃KGB的潜质，尤其是
在"扫楼"的时候。

什么叫"扫楼"？说直白一点儿就是考察一栋建筑。"扫楼"在地产圈也
有一个专有名词，叫"扫盘"。字面上的意思就是：近来哪里又开新楼盘了，
就有目的地去了解竞争对手的动态，并搜集资料。

建筑师"扫楼"的类型可以分为以下几种：

● 从无知到已知型

对于某种从未做过的建筑类型，除了对书本及过去的图纸进行理论研究以
外，还要实地考察相同或相关类型已建成的建筑。比如，我第一次做福利院的
时候，去考察过已建成的各种大大小小的福利院，那些眼见的细节，真的比书
本上更直观。

● 以自身需求为目的型

比如，常做地产项目的团队，季节性地去考察已建成的或在建的楼盘，稳

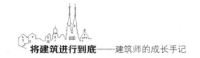
健地了解市场需求，掌握市场动态，把握甲方脉搏，并有序地在成功案例基础上，研发出新的产品。又比如，准备切入一个未知开发商时，必须了解它的过去、现在和未来，不打无把握之仗。于是去各地考察它的楼盘，了解他司设计的历史沿革，知己知彼，不至于掉到沟里或重蹈覆辙。

● 直奔主题型

某时某地，拜见某知名或非知名建筑师新设计并落成的大大小小建筑。比如，这周末咱们去看看李晓东老师的桥上书屋吧！又比如，这个五一咱们去睡一睡马岩松的月亮酒店吧！

● 建筑旅行型

可以是针对某个国家、某位知名建筑师、某个流派、某种风格的长途旅行性的建筑考察实践；也可以是以溜达为主题，顺便去看看当地建筑的那种蜻蜓点水式的惬意游赏。

当然只要是建筑师出没的地方，"扫楼"总是那么出其不意，常伴随着一些偶然性发生。比如，走着走着，或开着开着车，眼角余光扫到了一栋看起来还不错的建筑，心想："嘿！这里何时建起来的这么一个尤物？外墙材料不错嘛，不看看实在有点亏。"为了进一步仔细端详，便打乱自己本来的行动轨迹。

正所谓，看建筑，从来不走寻常路，东张西望又有何不可？**要有"宁可错看一千，也不放走一个"的精神，路边的野花也可以采一采嘛。**

建筑考察的时机通常有以下三种：在建中、刚建成和已投产。

在建中的建筑，个人建议，出于安全考虑，不建议大规模地去调研。**我认为，建筑考察的黄金时期，就是在刚建成、还没投产的阶段。** 这一阶段，你要看的一切，基本已经准备就绪，而且还没遭到无序广告等人为的"破坏"。并且，在这个时候，建筑的安保措施并没有那么的完善，非常适合建筑师里里外外系统化、地毯式地进行建筑考察，而且，这还是个登顶的好机会哈，《罗小姐登高记》里登顶的很多建筑，都是在这一时期完成的。

当然，这个阶段非常短暂，大家要抓住。

而对于考察某些投产后的公共建筑来说，有一定困难，因为绝大多数有指定业主或由相关部门使用的公共建筑，是不允许随意参观的。比如：监狱、检察院或某集团办公大楼等。

但对于某些建筑，投产后往往是对其进行考察的最佳时机，比如，商场、酒店、医院、学校、博物馆以及众多交通建筑。这些建筑在原生态时（尚未使用时）不能很好地反映其使用价值，也不能显著地暴露问题，而考察实际投产后的状态，才是有意义的。

罗小姐的第一次建筑考察是在大学四年级。四年级的第一个课程设计是酒店。大家接过任务书的时候，激动兴奋之余更多的是茫然。那时候，同学们别说设计酒店，就连像样的酒店都没住过。除了从"天书"（《建筑设计资料集》在坊间又称"天书"）中研究一下酒店功能以外，我们对酒店这个"物种"实在没有什么概念。酒店嘛，住人的喽，其他还有什么功能？这些功能在哪里？如何布置？完全没思路。

考察酒店成了我们动笔设计之前必须要完成的实践。大家一想，要考察，就去考察五星级酒店。十年前的北京，五星级酒店最密集的地方之一就是亮马桥那一带，那里集中了希尔顿、凯宾斯基、昆仑饭店等许多当时让我们甚觉高大上的高级酒店。

我们第一站选了希尔顿，原因很简单，公交车站下来第一个就是它。我们一行十几个人，浩浩荡荡就进去了。我们很顺利地找到了电梯，直接按了健身、泳池的楼层。刚出了电梯，就被酒店的工作人员拦住了，边拦还边拿着对讲机念念有词："他们已经到我这层了。"原来，我们的行踪从进来的那一刻，就已被监控。此时，我们表明来意，但是，很无奈，我们还是被友善地请

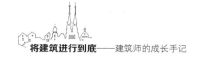
了出去。

出师不利，没关系，就去下一站。北京的初冬已经开始寒风凛冽，但丝毫不影响我们年轻且敢于冒险的心。

第二站，我们来到了凯宾斯基酒店，这回，我们学乖了。一进门，便很礼貌地找到了大堂经理，其实我也不知道他是不是经理，就是一个穿着西装挂着胸牌的男人。我告诉他，我们是建筑系的学生，这学期第一个设计就是考察酒店。西装男微笑着、礼貌地接待了我们，带着我们一层一层地逛，从全日餐厅到行政酒廊。酒店空调开得很热，我们穿着羽绒服，浑身出汗，但大家都激动得不得了。没错，第二站，我们成功了。

最后，我们落脚于昆仑饭店。走了一天，大家都累极了，我们十几个同学在酒店大堂免费的座位上坐了下来，晃着腿，快乐的表情洋溢在每个人的脸上。我们有一句没一句地聊着，大家畅想着，什么时候，我们能真的住上五星级酒店啊？什么时候我们能设计五星级酒店啊？

是啊，我们那时候什么都没有，但是有理想，有了理想貌似便有了一切。我们看着彼此朴实的衣着、素净的脸，抬着眼睛，畅想着我们的明天。

而在后来的十年里，我设计了喜达屋旗下的三个品牌的五星级酒店，其他同学也分别拿下了万豪、洲际、希尔顿，甚至喜达屋的W、豪华精选。成全我们的，便是时间，与我们赛跑的只有时间。

成为职业建筑师以后，我鼓励身边每一个设计人员都勇敢地走进五星级酒店，哪怕你身边缺少同行的女伴，哪怕你现在身上穿的还不是名牌。作为一个五星级酒店的设计人员（就算你是数门窗表的），应该果断的"吃猪肉、见猪跑"。是的，基层的建筑师还谈不上富裕，不过下到地下室上到行政酒廊，溜达免费。所以，勇敢的出发吧！

当初为了设计酒店，我想让自己有身临其境之感，我做了一个让自己非常入戏的疯狂举动。为了表明我潜心研究五星级酒店的决心，我把家里的床品全部换成白色，毛巾浴巾换成白色，买它五十把一次性牙刷，再制备一个LED的

"请勿打扰（Please don't disturb）"。

我从业以后第一个项目是派出所，我为此走访了很多派出所，游手好闲地溜达着看；后来设计住宅，跟不同男同事伪装夫妻地毯式扫楼盘；第一次设计五星级酒店，我花了半个月薪水扎扎实实心疼不已地愣是睡了两天；第一次做商业综合体，大小的购物中心和办公SOHO巨无霸走了十七个，才下笔画平面。

在大型商业项目中（我们常叫它"大商"），没有在早晨八点钟逛过超市的建筑师，不要谈商业的清晨流线；没有在午夜场看过电影的建筑师，不要谈商业的夜间流线。在我们下笔设计之前，亲身的体验，让我们的设计更有理有据，让很多书本上的设计细则更加直观。

"扫楼"的前路漫漫，跟很多人相比，我没有足够的经验，但我仍旧愿意执着地通过双脚去走，透过双眼睛去看。

18

决胜 PPT

每一次顾盼和留意，都可能成为我们的核心竞争力。

现如今，年轻人想谋个职，简历里熟练掌握软件那一栏，如果没提Power Point，那可就真的很难有戏了。

Power Point，俗称PPT，是一种直接、直观、直白、短平快的多媒体展示工具。

面试新人，有时，会有以下的对话语境，请将英语听力考试中的感情代入来朗读。

面试官："会PPT吗？"

新人："会一点儿。"

面试官："一点儿是多少？"

新人："PPT不就是插图片，再让图片飞来飞去吗？"

面试官遂叹了口气："下一位。"

虽说PPT并不是一个全专业通用的软件，但是它的确可以综合反映一个人的设计能力和思维布局。做一个PPT，这个人的设计水准概念取向大概是什么水平就显而易见了。

而在真刀真枪的战场上，你着一身锦衣战袍，胸有成竹地述标，那PPT就是你手中杀敌于无形的利戟。几个月的昼夜奋战，团队兄弟们共同的努力，全靠你这一张一张闪过的页面（在有些人眼中飞来飞去的图片），展现了出来。武器时利时钝，着力点有松有紧，废话不多，全靠实力。

那么在最有限的时间里，如何透过这一页页的电子页面，最有效地说服对方呢？以下是我自己这几年总结出来的小方法，跟大家分享一下。

● 中心思想：观点态度是核心

PPT像是一篇作文，请注意：肯定不是散文。你若是把PPT搞成散文，听者估计都昏昏欲睡了。PPT是一篇议论文，论点、论据、论证，三要素缺一不可。而我们洋洋洒洒地讲了大几十页，就是为了表达演讲者的观点和态度。讲明白这件事，很重要。

我们建筑师接触的PPT汇报以方案阶段、方案调整阶段的汇报最为常见。咱们虽说花了很长的时间以及大把的心血来完成设计，但汇报的时间通常较短，给予听者消化的氛围也不佳。有时候，听者已经听了几个小时的汇报，人已近麻木。而此时，我们必须抓住核心内容，清晰明确地点明设计中的几个亮点，唤醒听者沉睡的灵魂（哪怕有的已经梦游到爪哇国去了）。

当然，在项目的全过程中，每个阶段都有项目碰头会，而此时PPT存在的价值就是要解决问题。解决不了问题，任何肤浅的参考案例都是瞎扯。观点态度明确，指出症结所在，提出解决方案。要让你的见解先入为主，才能出奇制胜。不要把问题抛给大家，这样讨论出来的结果，你会很被动的。

● PPT资源：搜集与整理

我平时很注重各种资料的搜集和整理，这也是许多女建筑师都具备的基本素质。人的创造力是有限的，时间也是有限的，整理和学习各种专业的PPT案

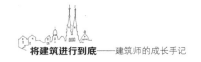

例，往往让我们在处理棘手问题的时候事半功倍。

PPT的搜集包括：思路理念、组织结构、平面设计等。

（1）定向的搜集。定期地去查阅多种风格的平面设计，按类别整合整理，搜集元素，搜集样品及成图，并留意其背景、图片、字体等细节。

（2）平日的搜集。不要放过平日里关于PPT素材的积累，我们遇到喜欢的电影，感兴趣的杂志，各有千秋的网站或微信公众平台，哪怕是墙上的一张吸引你的海报，都一定有它的可取之处，将影像留存下来，仔细思考：是什么打动了我？是什么吸引了我？有一天，我有机会将这些亮点应用在PPT里。

（3）现场的搜集。我们经常会参加各种活动：展览、论坛、聚会等。这些活动大多是经过精心布置与设计的，针对不同的主题，达到不同的效果。论坛的主背景什么时候用蓝色？什么时候用白色？聚会中的椅子是怎么做到很有特色又不至于抢镜而影响统一的？这些"现场"很多的细节设计，值得我们关注，值得我们推敲，不能一看一过就得了。

要做好长期的准备，每一次顾盼和留意，都可能成为我们的核心竞争力。

● PPT演讲小技巧：讲故事

某天，小G出差汇报完项目后，突发感慨："建筑师，要会讲故事。"我感叹："是啊，我们都在努力变成一个说书人。"然后保利的Y总在旁边补充道："说书不行，得讲高大上的贵族故事。"

做PPT，如写故事。汇报PPT，如讲故事。

故事讲得好不好？是否引人入胜？很重要。

在许多电影里，有的导演很喜欢玩结构，有的玩成功了，有的玩失败了，最大的失败不是让观众没看懂，而是电影刚开个头，观众们就都懂了。于是感叹："他一定就是这么死的啊！"

评书里有句经典台词："且听下回分解。"这个境界也是在PPT讲故事中我们一直追求的境界。讲故事的人负责引人入胜，但什么都讲透了，也就没劲了。中国式的情怀讲究"欲走还留，欲说还休"，我们要学着抛砖引玉，但要点到为止。

● 模板的意义：无招胜有招

有时PPT的汇报由于时间紧，任务急，搞得大家有些不知所措。怎么办？把文本里的东西凑吧凑吧，然后抬出老大现场去白话，这样可以吗？当然不可以！

于是我们开始研发各种各样的模板，以备不时之需。

罗小姐在研究PPT的过程中，发现最近流行一种新的PPT界面，即"零模板"。"零模板"，也就是没有模板。将PPT每页的故事梗概，即中心思想，用大字报的形式，最醒目地呈现在观众眼前。

这种"零模板"的PPT形式频繁地出现在千人会议大厅内的各种演讲之中。最具代表性的就是老罗的"锤子手机发布会"，用黑底白字PPT和他的三寸不烂之舌，讲述了一个个和产品相关的小故事。

在PPT众多花里胡哨的表现手法中，此法无招胜有招，用最吸引眼球的方式，让观众集中了注意力。同时，也让观者从观摩PPT特技的死角中解脱出来，更关心演讲者想要表达什么。

很多建筑师也已经将"零模板"PPT应用到自己的汇报中去了，一张图片+一句话，即是一页PPT。简单粗暴，直击人心。

有时候，我们不需要费尽心思来炫酷，只需要找寻一种最适合我们的表达方式，呈现我们的设计，讲述我们的故事。

● 文字的秘密：有色PPT

演讲型PPT里有一条大忌，就是每页的字又多又小。如果一个PPT，里面的字占用超过三分之一版面，就要考虑一下，这些字中是否存在着废话？废话太多不太好，唐僧不是人人都有资格当的。

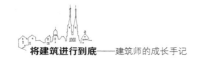

我们日常的PPT里，不可避免有字的出现。有字的地方，就有江湖；有江湖的地方，就有排名。而PPT里的字也需要排名，我们通常是用颜色区分它们的等级。

PPT不似文本，文本里的字讲究和谐统一有质感，PPT的文字，我们不玩平面设计常用的那一套。比如，以前注意过意大利人的名片，名片上大大的留白，在犄角旮旯的地方，用最小的字号印上名字、头衔及联系方式。这在演讲型PPT里是绝对行不通的。

重点以及醒目的表达重点，是我们在文字处理上需要注意的细节。区别字号是一种表达形式，但我在实际应用过程中，发现改变字的颜色比区别字号更能突出主旨关键之所在，于是，我便有了各种花花绿绿的PPT。

虽然有些"图片洁癖者"不大适应"有色PPT"，但我们建筑师的汇报大多是在绝缘体里，即会议室。我们开会开到缺氧，连呼吸都不是很畅通，那就用"有色PPT"来提提神吧。

PPT这种东西，不要拿它当成一个工作来做，就像我前面提到的Excel一样，把它当成乐趣，甚至可以当成生活的一部分。我们自己就是导演，在那看似简单的页面中，导出一台精彩动人无限制级的悬疑大戏。

以上说的是我自己在制作PPT这一环节的个人心得。当然，在汇报过程中，述标人如果长得好看，嘿嘿，以上技巧可以忽略不计。

红粉青娥映楚云，桃花马上石榴裙，在投标的战场上从未害怕，坦荡迎战。

| 罗小姐·小事记B |

■ 回忆我的第一份工作：当年的所长已经成了某集团总经理，当年的项目负责人已经成了某设计院院长，当年指导我画图的专业负责人们已经是某建筑设计公司总建筑师，当年画楼梯大样的罗小姐已经吃到了正宗的咸水鸭。

■ 回想起我刚出道时，所长亲切地对我说："小罗，你这个月的任务就是把这项目的门窗表数了。"所长当时是把我当宠物养呢，他光辉而伟岸的身躯后面立刻飞起一群鸽子。那活儿技术含量高，那可是纯住宅的门窗表啊！

■ 每年的二月份，我都会陷入一种严重的抑郁情绪中，不想看电影，不想说话，不想追设计费，不想画图，不想看帅哥。对！就是因为又快要考试了。

■ 我就知道！只要是我捧本注册考试的书在床上看，身体的夹角就会从九十度，渐渐变为一百二十度，再渐渐变为一百五十度，最终以"一百八十度+闭眼"结束。（全套动作仅仅历时一个小时）

■ 我工作上的最佳搭档BB跟我交流考前备考经验，BB说："我这个月一直坚持吃鱼，一天一条，记忆力明显的好很多。" 我跟BB说："我这星期一直坚持吃猪蹄，一天啃一只，手壮，作图题好过。"（注册考试的路上我们真

得很虔诚）

■ 注册建筑师考试的考场有时会安排在地处偏僻荒山野岭的大中专学校，方圆一公里没有酒店，学校里会有犹如《山楂树之恋》里的招待所，打电话过去会有一中年妇女恶狠狠地告诉你："三十块一个床位！"转念一想，《山楂树之恋》已经不错了，给你安排在《白鹿原》或《红高粱》那种考场，你不也得心甘情愿地去吗？

■ 带着嗷嗷待哺的婴儿来参加考试，只为了不断奶的建筑师新妈妈；从大学就在一起，十年茫茫走入婚姻殿堂、考试路上风雨相伴的建筑师夫妻档；遭遇前男友跟自己同一考场，导致六小时作图题画得魂不守舍的隐忍败犬姑娘；八年轮回后两鬓斑白依旧有勇气再战考场久经考验的老战士……（注册建筑师考试感动中国）

■ 考试考得心情很不好，但走出考场大门，看见人潮人海中，头上缠着纱布来考试的悲壮男青年，脚上打着石膏挂着双拐的坚强圣斗士；蹲在马路牙子上吃盒饭等待下一场考试的男屌丝；手里拿着图板幽幽地钻进宝马X6的怪叔叔……试问国内哪个考试的场面能如此的励志而销魂？

■ 今天下午的六小时是"铁人九项"中唯一一门考场平均年龄三十五岁以上的科目。第一题，只要是在设计院当过最底层摘菜小工的，就没问题；第三四题，只要是与结构设备专业常年在冰与火的情欲中挣扎徘徊的，也都没问题；第二题，看了一眼题目，我眼一闭……（第二题，你懂的）

■ 每年的母亲节，是注册建筑师考试进入魔鬼赛程的第一天，三个半小时，又六个小时，又六个小时，三大作图。散场后，微信群里：今天我大姨妈

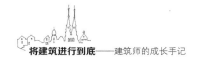

第二天，考了一个半小时就坚持不住了；今天我涨奶涨得不行，坚持完考试；今天我考完出来发现车子被贴罚单了，抬头放眼望去，路边这浩浩荡荡上百辆车都贴单了……（原来我们不是一个人在战斗）

■ 小男生跟我抱怨，为什么总是做输红线呀、画剖面呀、填色呀之类的工作。呃，知道吗，姐姐我在厨房也是从削土豆皮的摘菜小工万年打杂儿干起的。

■ 举例说明，什么是"斯德哥尔摩症候群"。比如一个刚入行的建筑学小姑娘，在连续苦逼加班工作一年后，奇迹般地爱上了所长，就是典型的"斯德哥尔摩症候群"。官方说法：这是人质情结或人质综合征，是指犯罪的被害者对于犯罪者产生情感，甚至反过来帮助犯罪者的一种情结。

■ 整理旧图纸，我竟然在2009年冬天，独立绘制一个十几万平方米的住宅小区的所有方案图纸，并且在一个月内，颠覆性修改了十次，每次都全部重画。历次汇报的文本，都被设计总监重重地摔在地上，曰："画成这样也敢拿来看!!"后来，该项目的项目经理无法忍受上司的霸气侧露，辞职并和我成为朋友。

■ 近期指导一个新毕业生做概念方案，我仿佛比他还激动。这种纯概念、天马行空、意淫万物、胡扯型的项目真的不常见，我仿佛跟着项目一起回到了激情燃烧的学生时代。看小男生貌似没什么反应，不由得着急起来。

■ 毕业画了三年施工图后，我去面试了一家国内知名地产公司。设计部经理一面我很顺利，因为我能说会道。二面遭遇了一个技术型负责人，考了我三个问题：①一块商住用地容积率4.7，应该盖多少层？②超市的层高通常是多少？③三十层住宅公摊最小能做到多少平方米，并默画一个三十层两梯六户平面。我义正词严地告诉他："我不知道！"我一直画施工图，根本没有机会知道这些。于是从那时起我痛下决心，要做一个全面的建筑师，真是丢人丢大发了。

■　听说一个小故事，前辈建筑师们当年没有电脑，画总图时，建筑角点坐标只能通过人力手工定位，然后，就有教学楼放样后直接落到操场上这种情况发生了。

■　问候我前专业负责人，他在某设计公司当总建。结果，听到了一个振奋人心的消息，他竟然以三十七岁高龄出国留学了。回想起入职第一年，在效果图公司跟他发飙，他气得晃着我的肩膀，一语不发把争吵咽到肚子里。后来他电脑坏了，把全部资料考给我让我帮他备份，我才知道他最信任的人是我。

■　今天面试了一个羞怯的小姑娘，看简历是做了不少东西，但整个过程不是很自信。为了缓解她的紧张，临别时，我拍了拍她的肩膀，她高兴地拍了拍我的肩膀，我惊了一秒钟。也许，每一个年轻人都需要不经意地鼓励，不用言语，也许一个肢体动作就可以给她带来对未知世界的信心。现在已经没有人拍我的肩膀了……

■　入职第一年，公司组织新员工培训。其中一个项目把五十多人分成三组，每组完成一个项目。我记得非常清楚，我们组的一个男生立刻开始统筹人力、部署战略、组织操作，另一组新来的市场部女生也立刻成为灵魂人物，号召起她那组。其余人围成一圈儿傻傻听从指挥或观望，我就是当初傻傻的一员。

■　新毕业一个姑娘，来了后，问我："哎！你是哪里人啊？你工作

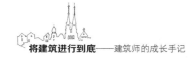

几年？你是哪个学校毕业的啊？你们学校是五年制的吗？你是负责哪一块的啊？……"我说："你还没入学，我就毕业了。日后我是专门负责你的，自求多福吧。"我不该这么吓唬小朋友，嘿嘿。她后来成了我最满意的女徒弟。

■　偶遇凯宾斯基地下室后勤进货，菜花、卷心菜、胡萝卜等生鲜若干，一个主管模样的人过秤登记，一个大师傅验货。以前做一个酒店项目，我带搞不懂什么叫酒店卸货场地、卸货平台的年轻人专门来看过这里，一柱跨可停两辆小货车，麻雀虽小五脏俱全。建筑的很多功能在书本图纸上并不直观，我们唯有迈开腿去看。

■　扫楼，门厅里是一个可爱的蓝胖子，h=1.2m。"它"有规律地左右晃动着，我心想这玩意高级，不像商场里发传单的人力玩偶，这个充了电自己晃。逛了俩小时，临走，我晃了晃蓝胖子的脸，拍了拍"它"的肚子。谁知，"它"竟然下意识地退后了几步。我肃然起敬！里面应该是个没有站直的女子，正在努力地工作。

第三章

混战的道场

姓　　名: L小姐

年　　龄: 30岁

工作年限: 5年

职　　位: 专业负责人

缺　　点: 项目经验仍旧不足, 继续努力的道路还
　　　　　很漫长。

优　　点: 有能力解决多专业配合中出现的各种复
　　　　　杂状况, 并且乐在其中。

改建筑图难，难于上青天。

19

记住，建筑是龙头专业

改建筑图难，难于上青天。

我是一个后知后觉的人。

好吧，我很慢热，在很多事情的领悟上总比别人慢半拍，进入状态也很慢，但我一直在努力地改变自己。

这些年一路蹒跚走来，医治"慢热"这个疑难杂症貌似也有了一点点的成效。当然，很多时候是被动的。**这个世界推着你一直往前走，我们必须在任何诡异而神奇的处境中学会生存。**

在从业的这些年里，我做过施工图的项目负责人，也主持过方案投标。跟我配合的团队成员，或是相关专业的队友们大多对我有这样的评价：罗工，在工作中是一个非常强势的人。

我自认为本性温和，曾经，我也是一只小怪兽，被各专业的奥特曼们围追堵截，转着圈儿地打。咱们只能内练一口气，外练筋骨皮。眼一闭，心一横，打就打吧，恨不得背后再刺上一句：好汉！饶命！

最深切的体验自然来自跟结构专业的配合。画1#楼结构的A工，跑到我的座位上说："罗工，这边加根柱，1号轴上的墙往右移200。"我马上照做，移就移嘛，也不费什么事。移着移着，我变成了一名各专业人员奔走相告最好配

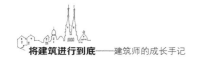

合的"罗工"。（当然好配合了，让怎么改就怎么改嘛。）

在做了几年施工图，又做了几年方案之后，我开始有机会接触项目的全过程，从投标开始，把一个项目做到施工图审查通过。

我终于认识到了自己最开始做施工图时所犯的核心错误：项目中每一栋楼的设计人员，不能私自进行专业配合，方案到施工图，过程中的任何修改至少是专业负责人之间的探讨与切磋。不是说设计人员水平不行，毕竟经验有限，很容易做出不理智的决定。

于是在当专业负责人的时候，我要求项目团队的设计人员"不接待"其他专业的任何问题。我淋漓尽致地发挥出了《武林外传》里祝无双的合作精神，一声轻喝："放着！我来！"在项目伊始，我也会跟各专业负责人提前打好招呼："亲，有事儿找我对接哦，包邮哦，亲。"

而对于较为重大的修改，则是必须要向项目负责人（工程主持人）汇报并确认下一步举措。正所谓各司其职，什么级别的职位，干什么级别的事，多大的能耐，搂多大的摊子，千万别用力过猛，小胳膊小脚儿也容易闪着腰。

一直以为，天秤座最大的弱点即是：唯唯诺诺、磨磨叽叽、举棋不定、犹豫不决。幸运的是，这些个陋习在我担当专业负责人的过程中，被彻底地治愈了。我终于变成了一个意志坚定、态度清晰、意图明确、有一说一的职业龙头。

方案一旦确定后，专业配合中的任何修改，在我这儿的处理都是非常冷静而谨慎的。一个不好说话、坚持己见、顽固不化的罗小姐，在专业配合的厮杀与锤炼中，翩翩起舞了起来（配乐请自行脑补小苹果，谢谢。）

作为龙头，很多事情都要走在最前面。在方案阶段，自己的那部分图纸要有计划地完成，给其它成员足够的配合时间。比如，总平面图定稿了，赶紧提给做效果图的人员建模做地形；建筑的平面大致确定，赶紧提给结构设备专业提初步条件；设计说明什么的也要提早点写，免得其他专业跟在你后面紧赶慢赶地一路狂奔。

在做扩初和施工图时，建筑专业负责人要制定符合实际情况的时间节点，一次、二次提资，再给予相应的时间要求其他专业按时反提资，及时敲定，及时"关门"。我们所面对的工作，最后期限大多是死的，于是就要求建筑专业凭借飞檐走壁之姿，以日夜兼行两万里的状态，当个名副其实的龙头。

有时候，做一个艰难而棘手的项目（比如我第一次做场地内二十米高差的项目时），千头万绪，排山倒海，不知如何下手。此时，我通常就会想，再高的难度，难得过鸟巢，难得过虹桥机场交通枢纽吗？那种巨无霸工程，无论让谁来控，都得失眠。比如曾有同行感叹，真想做一次机场啊，体会一下世界大战的感觉。这就是大院，能打战役、海陆空的复合战役。

建筑专业作为龙头，还有一个区别于其他专业的特殊性，就是频繁地与业主方的对接。这是一个脑力与体力、战略和战术的考验。甲方与乙方说到底，是同一战线上的盟友，大家的终极目标是一致的。**制定合理的项目周期，在与甲方的往复交涉中显得至关重要的**。而此时，龙头专业需要适时地穿针引线，以不把自己和其他专业逼死为前提，在人性化的周期内，更从容地完成项目。

建筑这一行，通常不是一个人的神话，也不是一个专业的神话，是需要不同专业的战友们并肩作战来实现的。

从项目伊始，建筑便丝毫不可懈怠与松懈。我们虽然不是项目的决策者和指挥者，但很多的细化分工都是由建筑专业执行和疏导的。建筑的一杆大旗挑起来，其他各部队才能井然有序地前进。冲锋陷阵靠我们，奋勇杀敌靠大家嘛。

在专业配合中，龙头专业要有这样一个信念：改建筑图难，难于上青天。这句话不是为了跟其他专业死磕，只是在后期的配合中，要尽量减小对建筑方案的改动。殊不知，方案阶段的每一道墙，也许都是在跟业主方数次斡旋中才确认的。尽量保持原样，合理地深化才是王道。

这些年来，作为先遣部队，在我的威逼利诱、软硬兼施之下，各专业负责人也慢慢熟悉了我的秉性，洞悉了我的"本来面目"。合理的建议，是可以商

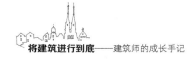

榷的，但无理的要求，是绝对不能姑息的。

很多时候，跟我配合的人员年纪比我大许多，经验也比我丰富。在面对这个看似年纪轻轻（其实不轻了）又特别轴的罗小姐时，都能积极地帮助我解决配合中出现的问题。

千言万语汇成一句真心话：感谢各专业这些年的不杀之恩啊！

20

结构男，女建筑师的男闺蜜

结构男是最佳搭档，最忠实的战略合作伙伴。

作为龙头专业，刀山火海必须一马当先义不容辞。但为了缓解工作中因为诸多琐碎小事而引起的情绪紊乱综合征，我"礼节"性地把施工图配合中遭遇的甲乙丙丁，分别起了昵称，便于识别身份。

比如结构男、红衣电男、项链水男、感动中国暖通男……

大家都知道，我酷爱"黑"结构男，而施工图是一项集智力、毅力、体力三重锤炼的全民运动，在我每次折腾它的过程中，结构男都给我们建筑师设置了非常多的小障碍，一生致力于把我们天马行空的奇思妙想，同化成他们内心中规中矩、扁平方正、令人发指的"高大上"。千百年来，勤勤恳恳，兢兢业业，从不放松警惕，对建筑师们绝不姑息。

当然，在施工图配合中，设置障碍的神人还有电气男，一想起来就是一把辛酸泪和一段纠结史。罢罢罢，不提也罢。

说起结构专业，我从上大学那会儿，就比较发忧。大学里跟结构相关的课程一共有三门，分别是：建筑力学、结构力学、钢结构。这三门课让我学得真是欲仙欲死（真心不懂啊）。当然，经过我的刻苦努力，建筑力学和钢结构这两门课，六十分过关（估计老师是看这姑娘太不容易了，恻隐之心大发）。

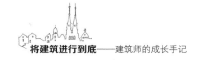

但，结构力学，我还是不负众望地英勇挂掉了。

毕业后的某天，当我手痒痒地浏览母校的网站，发现当年抓我结构力学重修的美女老师已经从妙龄少女变成博导了！我的心不由得又哀伤了起来，人家真是实至名归呀。

嗯哼！我们来细数一下结构男的七宗罪。

● 结构男科技感十足

我买了个ipad mini2，拿去跟结构男显摆，在他面前晃来晃去比画了半天，跟他边演示边说："你看我这玩意儿高大上吧？能看杂志，能追剧，效果十分好。"此时，结构男悠悠地从包里掏出自己的mini，义正词严地跟我讲解道："你看，我这里有常用结构规范，结构标准图集电子版，初勘详勘，施工图审查报告。"

● 结构男都低调奢华有内涵

P总是我认识的典型结构男。刚毕业那会儿，我俩的工位背对背，他比我早毕业十年，素以在百米高层中布出最少的剪力墙著称。他跟我讲，当初他不远万里去哈建工念书，到校后惊奇地发现澡堂竟然不是每天都开（作为东北姑娘，我非常能理解）。我对他最佩服的是，他负责的大型商业公共空间看不到一根柱，还有就是那张几乎十年不变的娃娃脸。

建筑师的旅行通常都很有目的性，我们喜欢把每次旅行标榜上特有的定义：我要见到真的×××建筑鼻祖了，多年来的愿望终于实现了。结构男则不一样，结构男的旅行才是真的旅行。人家每次出国都购物、打牌、看情色真人秀，高兴得不亦乐乎。而建筑师只会蹲在自己心爱的真迹面前，内心默念咒语，然后哭得梨花带雨，心有余悸。据某建筑师回忆道，他唯一的一次和结构男到迪拜旅游，结构男出手就十万一块表，当场惊呆所有建筑屌丝。

● 结构男眼中的世界

一日，我路过厦门航空的空乘人员及飞行员公寓，发现一群空姐身着职业装拖着行李箱围成一圈。近看，原来是围着一个卖凉皮儿的小哥买凉皮儿。嘿！这把我给馋的呦，但最终还是忍住了。感叹站在一群高跨比大于八的美女中间，围合感真得不太好。当我说到这里，某结构男连忙跳出来一本正经地纠错道："躺着（梁）是高跨比，站着（柱）是长细比！"

嗯！大家一起感受下结构男眼中的世界吧！

● 结构男外表放荡不羁

在烈日炎炎的夏日，假如你在写字楼的电梯里遇见一个穿着不合时宜的男人，目光呆滞若有所思，那他一定是设计院的。如果恰巧他的特征包含：人字拖、腿毛浓密、短裤、洗得泛黄的白T恤的其中三项，那他如果不是送外卖的，便是结构男。

● 女建筑师的男闺蜜

结构男里几乎不出文艺青年（亦或文艺大叔），他们具有工科男的一切气质和内涵。他们耿直、可爱。

结构设计人员大部分性别为雄性。在雄性扎堆儿的结构专业，结构姑娘们的出现真如一缕春风拂面，养眼极了。但不得不坦白地说，根据我这些年的微服私访，结构姑娘们大多轴得很，不太好说话，很多节点沟通不下来。所以，结构男才是女建筑师的男闺蜜。我经常会跟结构男有以下的对话："咦？Z工，帮我看下，买什么牌子的睫毛膏比较不容易脱妆哦？"

● 结构男的家属

坊间，很多男建筑师的太太是结构设计师。（请大声回答，有没有？！）而这些伟大的太太们真的在男建筑师考注册的路上帮他们先下了一程，建筑结

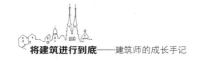

构那门全都一次性过关。但奇怪的是，几乎很少有结构男的老婆是女建筑师，也许在女建筑师的眼里，结构男们都是些一宅到底、不解风情，不会写诗，不会买花，更不会天真烂漫地带女建筑师们游山玩水、舞刀弄剑、把玩诗词歌赋的家伙。

● 结构男与我

跟我配合很久的结构男都知道，我负责的项目如果在方案阶段，十八层及以下只允许楼电梯剪力墙兜半圈，其他部分只能布柱子。如果剪力墙放手让结构男们抢开膀子"胡来"，甲方们定会觉得造价太高，顿感我们施工图水平有问题（结构男总是在前期特别保守）。方案阶段布结构，有时候是需要演技的，而作为导演，我一直致力于让结构男从偶像派顺利转型。

我一直认为，结构男就是哆啦A梦，跟结构男配合，没有达不成的心愿，实现不了的事。一日，我怒气冲冲拿着图纸找结构男，质问他为什么在商场中庭的扶梯前搞了两根柱子？真是丧心病狂令人发指！并强烈建议拔掉其中一根。结构男幽幽地说："要不，这两颗我都拔掉吧？"我激动得立刻对所里最漂亮的姑娘说，"去！亲他一下！"

我承认，在黑结构男的路上，我已黑出精神，黑出水平。但没有一个结构男跟我较真儿。因为他们知道，这个在工作中苦中作乐的女建筑师，一直拿结构男当自己的最佳搭挡，最忠实的战略合作伙伴。

言之凿凿，话语虽酸，风雨兼程，一路相伴。

21

国民女婿：暖通男

暖通男，俗称暖男。又名：感动中国暖通男。

去年，"暖男"一词红遍大江南北，简洁的两个字，给了那些不帅不酷不高冷的广大男同胞一个出口。因为，只要你平和、阳光、温顺、可爱、待人如春天般的温暖，你就可以成为男中精品、女同胞们争相爱慕的对象。

而在罗小姐的字典里，暖男则另有其人。

我第一次当专业负责人时，作为一个常年作方案的姑娘对如何与施工图专业配合真是一窍不通，这个时候，一个暖通男出现了，从最基础的空调形式开始给我讲起，水冷、风冷、VRV、VAV，并从建筑平面的角度出发，帮我布置好各个机房及井的位置，帮我度过瓶颈。后来，我才知道该暖通男在本片区非常有名，专业素质过硬，非常好配合，素以器大活好著称。

前段时间，上段文字里惊艳登场的这位暖通男主角突然跟我说："你知道吗？你现在在我们暖通界很出名哦！"

我受宠若惊："真的吗？！"被暖通男们注意并夸奖，真得容易心花怒放，忘乎所以。

传说中有这样一群男人：他们低调、内敛、从容不迫，无论什么时候，都能跟建筑专业商量着来。

他们就是暖通男，俗称暖男。又名：感动中国暖通男。

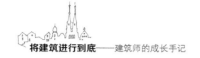

● 举个例子

熟悉我的人都知道，我一直致力于黑结构男。但在设备男，特别是暖通男的问题上，我一直是非常拎得清的。

跟电男们配合时，跟他们掰扯最久的就是这楼上楼下的电井能不能多转个弯啊？无论提什么要求，得到的回答永远就是俩字：不！行！

最后好说歹说，才允许我转换一次。（请回忆一下电影《九品芝麻官》里周星星为练就三寸不烂之舌，深入妓院苦心修炼，最终面对大海都能把鱼儿说得跳起来的桥段。）

而跟水男们的配合，总是力不从心，他们通常总跟卫生间过不去，有的时候一想到每天跟水男们掰扯的重点都集中在上厕所的地方，一种无力感便会决决袭来，再不然就是整天围绕着覆土问题你不情我不愿地推手，调戏不得，无趣极了。

但暖通男就不一样了……

我兰花指一竖："这个竖井转个弯！"

暖男答："好！"（绝对没有半句废话！）

我又说："另外那个竖井要么转两个弯吧！"

暖男答："你知道啊，转两个弯……那个风过不去哦。"虽然不行，但态度非常好，时时刻刻展现出客服应有的素质。

我尝试性地继续说，"我当然知道风过不去，但是我还想转。"

这故事的结局是：暖男又帮我在平面上找了个更好的位置放井。这种感受就像，王子和公主从此过上美好的生活。暖男真是行内楷模，业界良心。

● 再举一个例子

我们建筑室内净高的天敌就是各种设备专业了，但让我们建筑师最为发指的，首先要数暖通专业。

比方说吧，给排水专业、电气专业的管子桥架们都溜细溜细的，暖通的风管随便一个往那一戳，好嘛!硕大无比! 曾经一位建筑师朋友十分无奈地抱怨，你知道吗? 暖男随随便便布一根管子，都得有双人床那么大。

我曾经试探性地跟一个暖男探讨: "反正你们是用净截面积说话嘛，你们没事研究研究能不能把一个800×1200管子研发成400×2400的! 净高对我们很重要! 很重要! 懂吗? "暖男委屈地回答: "懂了，这不还是双人床吗? "

曾经有个暖通男跟我说，你们认为你们建筑师的注册难考吧? 然后他就边"呵呵"边说，暖通的注册考试才叫彻底地江湖巅峰对决，试题之极品，令人扼腕。若想通过暖通的注册考试需要上知天文、下知地理、中晓人和，就差会算命了! 我在旁边听得一愣一愣，他一定是在逗我吧?

暖通专业一直是稀缺专业，尤其是经验丰富的暖通男更是庄稼一枝花，全靠他当家。当你从一个设计院里步履轻盈地走过，没错，建筑师，真是一抓一大把，结构男也是一搂一笊篱。但不要气馁，也许在楼梯间的某个转角，就会邂逅一枚标准的暖男。

我妈单位同事找了个女婿，是个国有大型设计院的暖通男。丈母娘对暖通男非常满意，煮饭炒菜洗衣服修电器等高端家务样样精通。尤其值得一提的是，这位暖男还腌得一手好咸菜，什么辣白菜啊，辣萝卜啊，甚至连酸菜都会腌。一到冬天，袖子一撸，就奔咸菜缸去了。

其实丈母娘对暖男女婿每天做什么工作，是不大清楚的，在她眼里，女婿最大的好处就是没什么业余爱好，上班画图，下班做饭，这就足够了。丈母娘经常会把各种小咸菜带来跟单位的同事们分享，每每提到这个女婿，眉飞色舞，赞不绝口。

时至今日，暖通男的颜值已达到了新高，那些颜好又能干的暖通男，女同胞们对其青睐度也日益飙升，达到了历史性巅峰，国民女婿当仁不让。

但又有人说，暖男的意义在于只温暖你一个人，而对待他人冷若冰霜。一暖就能暖很多人的，不是暖男，那是中央空调。但在我看来，每个暖通男其实都是一台全空气系统、全水系统、空气-水系统、制冷剂系统的中央空调，并

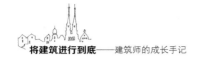

自配主机和末端。

姑娘们时不时会问：

"什么样的男人上班会赚钱，下班会做饭？什么样的男人脾气特别好，用生命在做客服？"

有哇，暖男呀，感动中国的暖通男呀！

姑娘们又问：

"那么，这样的男人要到哪里去找呀？"

嗯！尽在建筑的江湖。

22
施工图姐姐

女建筑师的归宿大致可分为两类：妹岛女神和审图奶奶。

施工图的过程像是一场战役，各专业技术人员和业主组成一支装备完整地战地兵团。同一个世界，同一个梦想，摩拳擦掌，携手前进。

设计院里暗涌着这样一群可爱的花样姐姐，冰肌如雪，十指玉纤纤。没错，她们就是画施工图的姐姐们。姐姐们十几年如一日地奋战在施工图的战线上，兢兢业业。在漫长的施工图生涯中，恋爱可以谈得风起云涌，即使结婚生子婆媳大战，她们也从未离开过施工图的一线。

刚出道时，遇到的施工图姐姐都很会"吵架"，以至于屡屡被噎在那儿哑口无言各种心碎。今时今日，姐姐们"吵架"的功力不减当年，妹妹们也如雨后春笋，个个可以"吵"得此起彼伏惊心动魄。

施工图的姐姐们战斗力爆表。每当夜幕降临灯火阑珊，办公室里便会出现这样的动人画面：姐姐们加班加到深夜，鼠标一撂，胳膊一伸，直接抓起身边的娃就可以喂奶，待娃饭饱餐罢，即可重新投入CAD的黑色战壕。就这样，很自然地涌现出了许许多多在设计院长大的孩子们。

施工图的姐姐们杀伤力极大。长年无休地"周旋"于各专业之间，万花丛中过，片叶不沾身；常在河边走，根本不湿鞋。

当然，每个施工图姐姐，都是从施工图妹妹过渡过来的。起初她们也没什

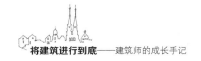

么战斗力，被其他专业溜得团团转，岁月并没有在容颜上给她们留下过多的痕迹，但却在性情上彻底改变了她们。

M小姐刚入职的时候，真的是一头温润的小绵羊。杨柳细眉长发齐腰，说话轻声细语如志玲姐姐附体。某种机缘巧合，她被分到了施工图组。其实做方案或者做施工图这种事看起来是随机的，实则不是。前辈们看人都很准的，阅人三千之后，什么人适合画施工图、什么人适合做方案，过目便知。这一画下来，便是十年。

十年之后，再见到M小姐时，她正抄起图纸，跟结构男在PK抽柱，嗓门儿之大，力道之铿锵，声音之浑厚，早已不是当年的那个"小甜甜"，"牛夫人"的气场荡漾在整个空间。我不知道M小姐这些年经历了什么，但看到这一幕，我真的可以脑补出许多个惊心动魄的场景。我彻底信了那句话，时间真的可以改变一个女人，尤其是画施工图的那些时间，磨人啊，不……磨炼人啊。

我常想，女建筑师的归宿大致可分为两类：妹岛女神和审图奶奶。我脑补了M小姐奋战江湖三十年，在升职加薪，当上白富美，出任CEO，走向人生巅峰之后，金盆洗手，终化身于审图奶奶的妩媚情形，顿时觉得这个结局貌似还不错。多年的媳妇终究熬成了婆婆，要相信，每一个"审图奶奶"都是曾经的小甜甜。

施工图的姐姐们是很敬业的，我做方案，姐姐们给我配施工图。对方案功能或者立面上的每一处修改，都会跟我仔细核对和沟通，共同探讨最佳的解决方案。方案想达到什么样的效果，姐姐们也会尽量想办法努力实现。

方案和施工图虽是项目过程中的两个阶段，但态度上不应该互相对立，互相埋怨，互相指责。来回推卸责任，是没有任何意义的。**方案旨在对初衷的坚持，施工图旨在对落地完成度的控制，殊途同归。以积极地心态对待工作，少一些抱怨，与人方便，自己方便。**

工作上的机缘，我有时也会沉下心来负责两套施工图。而我当施工图的专业负责人时，也曾相当地力不从心。从早上九点开始，A塔楼的结构小弟跟我吵，B塔楼的结构小弟跟我吵；中午时分，结构负责人再出山跟我吵，刚刚摆平，裙房的给排水姐姐跟我吵，暖通男也不甘寂寞凑热闹加入口水战。整个施工图的过程就是我（建筑）坐在座位上，各专业把我团团围住，"吵"作一团。晚上六点，"吵架"结束，大家分头开始画图。

而在那段"磨人"的时间里，我十分不适应每天唇枪舌剑地战备状态，以至于，难有整块的时间安静地思考。我突然觉得每天要喝很多水，吃很多肉才能应付这种高强度密集性地"舌战群雄"。

在负责施工图的那些日子，一日三餐突然变成了一件非常重要的事。我认真制定每日餐谱，竟然也非常主动地比往常更注重营养均衡，补充动物蛋白、植物纤维、维生素ABCDE以及碳水化合物，生怕置身于某场项目会议中，因为体力不支气血不足而败下阵来。

而那时候我也很注意观察身边的施工图姐姐们，她们可不一样。别看姐姐们加班画图如拼命三娘，但个个都保养得极好，食补美容样样不误。但人家不像我，迂腐而执拗地通过吃肉来补充战斗力，原始、简单、粗暴。姐姐们的饮食策略可科学地很，我看到的真实情景是：姐姐们上午一个苹果，下午一个芭乐，午餐只吃一个蒸红薯。我直到现在还很纳闷儿，吃这个，能干活吗？要换我，早就昏过去了。（要么你说为什么姐姐们能摇曳生姿呢？）

施工图的姐姐们从毕业开始就一直画施工图，几十年如一日，而且大部分的她们只画施工图。每一个项目，施工图就那么几个节点，烂熟于心。貌似项目中的各种"意外"和"纷争"都如家常便饭，如履平地，心态好极了。

有的施工图姐姐脾气特别好，多年的修炼，使她们即使在面临突发状况，都能和颜悦色地解决问题，四两拨千斤。看着她们身形袅袅地从身边飘过，真是佩服不已。每天身在各种纷纷扰扰中挣扎沉浮，却出淤泥而不染，脸不红心不跳，练得一招好心态，也是一门功夫。

很多人认为画施工图是踏实的黄金饭碗（很多公司画施工图是按平方米发奖金的），其实，这并不是一条坦途，但姐姐们都能进退自如，修炼出一身清

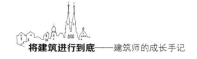

丽的外表和一颗温润的心，实属不易。所幸，画施工图也不算那么枯燥，有结构男闺蜜夜以继日的"从中作梗"，也有暖通男的温情脉脉。你侬我侬，便可以只羡鸳鸯不羡仙了。

23
艰难的日子

在整个项目中不要只做一个参与者，你有话语权，在适时的时候，勇敢地说不。

我相信每个人都有过很艰难的日子，或肉体上的，或情感上的，当然还有跟前两者杀伤程度无法比拟的事业、学业上的。在这些艰难的时刻，我们每个人都有自己的一套应对方法，主动地，被动地，不遗余力地，信誓旦旦地，就像《山丘》里唱的那样："不自量力地还手，直至死方休。"手舞足蹈，悲壮得可爱。

我们每次都觉得，这次好难，无论如何真的挺不过去了。"念想+毅力"真的是个很强大的东西，明明越不过去的沟壑，明明不可能完成的任务，弱小的我们，有时真的可以像个巨人一样，一次又一次地无视种种艰难，刀山火海，还是义无反顾地勇敢向前走去。即使有时候前进的姿势不是很漂亮，即使迂回，即使摔得遍体鳞伤。

几年前的一个项目标投下来，进入紧张的方案调整阶段，又恰逢春节期间，大家都忙忙叨叨准备回家过年，壮丁竟然只剩下了我一个。于是，我从腊月二十开始，一路狂飙突进地战斗。

那段日子里每天都可以接到项目经理催图电话，很多的不确定性，导致颠覆性地修改。那时只要手机铃声一响，我就虎躯一震（哦不，娇躯一震）。彼

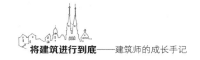

时我资历尚浅，与甲方接触不多，没什么经验，只知道画图，并不懂得如何跟项目经理周旋。无论他说什么时候要图，我从来不说一个"不"字，搞得自己神经衰弱身心疲惫。

在临近春节的几天，甲方的项目总监发来一道公函，意思是，这个项目必须春节期间完成方案调整，最后结尾一句话是：若不能完成，后果严重，望重视。

那年春节没有三十，大年二十九的夜里，月黑风高，客厅的电视前一家人在其乐融融地看着春晚，我自己坐在电脑前面对着黑屏一笔一笔地画CAD，画着画着，竟然不争气地流下了几滴眼泪，手机里荡漾着各种祝福短信，无暇顾及。

大年初五一大早，我接到了甲方项目经理的拜年电话，顺道跟我催图，我颤抖着拿着电话，连连说好。

那一个月，是我从业以来遇到过的最艰难的时刻，我想很多朋友会跟我有相同的经历。那个春节不计代价的加班经历教会了我很多事，其中一件就是：必须懂得适时地拒绝。认识到这一点之后，这种局面在我日后带领团队的时候，没有再遇到过。跟甲方合理地制定项目进程表，**在整个项目中不要只做一个参与者，你有话语权，在适时的时候，勇敢地说不。**

刚入行时，带我画图的小师傅（前文书提过）说，他面对加班都已经习以为常，因为他经历过最艰难的加班。曾经有一个投标，腊月初八拿到标书，交标日期是正月初八。领导把这个艰巨的任务交给了他，除了看好他英勇神武之外，主要的原因就是他是本地土著，不用跋山涉水回家过年。

作为主创，他一直干到了大年二十九，然后大年初二一大早便开始新的一年的"欢乐加班"，他跟我说，那天整栋楼里就俩人，当天值班的院长和他，上厕所的时候俩人面面相觑，也是蛮赞的。后来每每遇到项目时间特别赶的时候，回想起那次春节的坚守阵地，都是小意思了。

我跟很多个建筑师聊过，关于项目进程中的各种艰难，大家的难真是各有千秋。

A说，有一个项目，从接手到现在，一共做了七年，到现在还在改，当初团队里的成员，在这漫长的岁月里，有的调到其他部门，有的离职，有的当了全职太太……到最后，从一而终的就剩他老哥儿一个。经历中的种种过往，不堪回首。听到此处，我对他的"从一而终"感慨了半晌之后，更加觉得在这个需要资金高速回流的时代，A的老板以及这个项目的甲方也挺不容易的。七年，并没有怎么痒。耗吧！看谁坚持到最后。

B在做一个国内知名地产公司的项目，这个地产公司的项目貌似都很高大上。但听说此地产公司有个"前科"：他们有一个小"爱好"，委托设计之前，会预先给乙方提供一些他司认为已成熟的设计资料，并以此为由，将设计费打折。打六折再满二百送三百不停地返卷刺激消费，一直不停地折腾，最后觉得折腾得不够过瘾，索性把红线都变了。再然后，他们把上家设计院给做黄了。B说到这里有点黯然神伤，心有余悸。

C说在2008年的时候，建筑设计行业大萧条，年末的整整三个月，他所在的公司全体人都闲着，一天又一天，没有什么实际进行下去的项目，一百号人等着发奖金，那时，几乎每天老板都找员工谈话，上午谈完，发两个月的工资，下午你就不用来了。裁员裁得触目惊心，最后仅有二十人"幸免于难"，死亡游戏般的末位淘汰，惊悚而残酷。

而C所在公司的老板在回忆当年的情景时，更是难忘。一百来号人，每一个月公司的流水就一百多万，每天醒来睁开眼睛想的都是"十万个怎么办"：没项目怎么办？设计费尾款追不到怎么办？这么多人养活不了怎么办？这样的大行情如果一直不复苏怎么办？

这些年来，我也慢慢体悟出个中道理，作为设计人员、专业负责人、项目负责人其实都不难，公司里任务最艰巨的员工恰恰是老板，老板并不好当，他虽然不用打卡，也不用跟任何人汇报自己的行踪，但公司运营中的生存压力是非常大的。反而每天什么都不用想，画图打工赚钱的日子其实是蛮幸福的，只

要做好自己的事，就够了。

所幸，一切都过去了，一切都挺过来了。

当然，这都是些碎碎念的小事，小人物们的一些小故事，经过这些所谓的举步维艰之后，我们大可望着大河弯弯，终于敢放胆，嬉皮笑脸地面对人生的难。

24
流水线

术业有专攻固然好,但我还是希望队伍里的每一个人都因全面而强大。

很多建筑师朋友都曾经经历过流水线上的作业,或者此刻正在流水线的车间里挣扎徘徊。流水线在建筑设计的全过程里是客观存在的,也是普遍存在的。

大的流水线,包含从可行性研究开始介入,前期、方案、初设,到施工图、后期配合等等;而在一个大中型的设计机构中,从前期一直到后期的幕墙、钢结构、内装都是一个个流水线上的辗转作业。我们建筑师有时可以穿针引线贯穿始终,有时候做好我们的"分内之事"就可以了,其余的也无须再干涉。

小的流水线,比如建筑方案设计阶段,谁画总平、谁盯立面、谁搞平面、谁填色、谁排文本,投标中谁做商务文件、谁包封、谁送标……每一处小细节都可以细化到一个小分工,因擅长而专业,因机械而精准。

每个人几乎都有自己固定的坐标,每一个产品从构思到上线,我们就像大车间里身着淡蓝色制服的工人,恒久不变地矗立在自己的工作岗位上,做着自己最擅长的事。

这样挺好!真的挺好!

多少前辈的经验证明:这是最佳的工作方式,最大限度地减少了项目中的

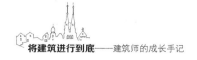
意外发生，真能做到了万无一失。

但是，我总是很执拗地做着另一种尝试。

比如，我曾经让一个负责立面的同事，去配合甲方报消防，三十万平米的综合体，让他自己分防火分区，然后跟消防沟通。我跟同行提起此事的时候，大家都认为我疯了。质疑我："你知道一个一直做立面的建筑师是什么概念吗？他的思维方式怎么可能明白消防设计里千丝万缕的联系！"

那天跟立面同事浅谈并鼓舞之后，他表示非常乐意尝试这项从未涉及过的工作。这个项目并不算很棘手，但同事的进展，还是非常缓慢。我开始慢慢着急起来，并扪心自问："我是不是做了一个错误的决定？这若是真的耽误了进度，可怎么办？"

终于，消防问题解决了，同事顺利地完成了任务。

我才长出了一口气。

我常让团队里的建筑师们去熟悉项目各个阶段的工作，术业有专攻固然好，但我还是希望队伍里的每一个人都因全面而强大。

我有一个朋友，从设计院离职去做了甲方，我问他：干得好好的，为什么要跑路啊？他说，在原单位，宛若车间的流水线。一个人开始做什么，就一直做什么，他想全面发展，他想画地下室，想学画墙身大样，每次提及都因工期紧张等原因被无情地拒绝。整整五年，实在没办法因看不到前途而投了诚。现在，他是项目经理，配合的方案公司是RTKL和凯里森，原单位正在努力争取施工图。

我刚入行时，曾经也在固定的流水线上作业过，那种感觉是很麻木的。画总平面图的人永远在画总平面图；画地下室的人，一年画十几个地下室；盯效果图的小鲜肉们，干脆就在效果图公司制备个行军床安营扎寨了。每个人手里永远是自己的那摊儿事，做得熟练而精湛，两耳不闻窗外事，真的是戴个耳机就可以完成任务了。

一切看起来，没什么不好；一切看起来，平静如水。各谋其事，各司其职。

那个时候，我甚至觉得自己除了会画一幢楼的平立剖面施工图，其他的一概不会。温水里煮的青蛙，舒适而不知道未来的方向，或者根本不想知道。

很多年后的某一天，我遇到了一个日照的问题，我跟一位建筑师朋友询问，他很认真地告诉我："他这些年只画施工图，关于方案报批阶段的日照问题，他也不是很懂。"我瞠目，在我看来，很多年前他就只做施工图这一块，而现在，他竟然还是只做这一块，从未改变。

是的，我仍旧执着地认为，建筑师应该做全程，虽不用每个项目都要跟到地老天荒，但重要的项目需要建筑师从方案阶段起，最好一直跟进到竣工验收。抛开自我学习提升不说，项目进程中的那些故事，都是回味无穷的，这个过程是珍贵而有趣的，是站在流水线上定点作业时所体会不到的。

在项目不是很饱和的时候，我会让长期画平面的同事去拉一拉SU，一个建筑师需要保持旺盛的创作状态，毕业以后几年不干这个，很容易就荒废掉原有的好基因。姑娘们SU拉得兴致盎然，我惊讶地发现，她们很可能也是做立面的好帮手。每个人的潜能是无限的，我们要好好挖掘。

我有一个小"嗜好"，只要是我负责的投标，都会跟踪到文本的包封。并且，我也尽量建议团队里的鲜肉们跟我一起来跟进，必要时建筑师可以亲自动手。有精神头的，第二天，去看现场开标。有人说："包封这种事不是都有市场部或者后勤专员来干吗？设计人员如果连这个都要管，真是闲得要命啊。"但我需要大家熟悉这些，有些事情不是我们不需要做，我们就有理由不会做。

做投标时，文本出了，我会一页一页仔细看，商务文件也会一页一页地复查后再包封，做到万无一失。一次合作投标，当合作方把几份商务标文件拿给我看时，其中一份皱皱巴巴，章也盖得不大符合要求。我当机立断，执意让他方重做。当时已是周日，在我的"逼迫"之下，合作方市场专员十分配合地重

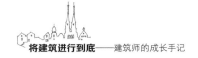

新完成了工作。

不是我苛责，也不是我强迫症发作。而是投标凝结了设计团队几个月的心血，是多少兄弟们智慧的结晶，作为投标的负责人，有必要站好最后一班岗，做到万无一失。

现实的大环境大规则，让我们无法左右流水线的客观存在，因为流水线是团队工作效率最高的一种表现形式。所幸，我们还在努力地尝试着改变。

25
不抱怨的世界

羽翼未丰的我们，要在任何环境下都能顽强地生存，并努力在生存中自
我学习及成长。

每天，我们的身边充斥着各种各样的抱怨。在抱怨的那一刻，我们犹如祥林嫂附体一般，所到之处，因负能量爆棚而喋喋不休。

也有些朋友，内心不爽，憋在心里，积怨渐深之后，一点点小事便顺理成章地成了压倒革命意志的最后一根稻草，并且倒得悲壮而惨烈。

A抱怨，新公司干了一年，什么感觉也没找到，跟着项目负责人都是做一些收尾的"擦屁股"活儿，有的时候给别人"擦屁股"，有的时候给自己"擦屁股"。擦着擦着就这样糊里糊涂地过了一年，感觉自己虚度了光阴，完全没收获。

在项目的进程中，很多项目都能善始，但不见得所有项目都能善终。有些结果是天意，有些结果是人为。工作，首先它是一个谋生的手段，而这谋生的手段恰巧又是爱好，那自然就更好了。但有时，我们做的工作往往不是我们爱干的，一颗平常心+一颗责任心，就是需要我们呈堂的东西了。做建筑这一行，不是所有的工作内容都可以"满心欢喜"，我们很多时候就是在处理这些让我们烦躁不已的端枝末节。

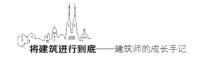
水平高低另当别论，做设计，至少要尽心尽力。虽不能让世间众生都满意，但至少要过得了自己这一关。驰骋江湖，无愧于心。"擦屁股"也好，"拖地板"也好，何苦计较一时的得失？**当我们不再徜徉于一马平川的康庄大道时，小河沟，我们也要自己想办法搭个桥过去；山丘，也要有勇气和精力不知疲倦地翻越，不是吗？要做一个有韧性的人。**

当然，如果你是处女座，咱们还是要时刻提醒自己，差不多就得了哈，千万别矫枉过正，害人害己哟。

B抱怨，他所在部门的项目，都是些地产项目，太商业化，觉得很不喜欢。每天工作没什么激情，有时候商业公司的一个会，便会导致大量的设计修改，我们总是在改，改改改！改得都想吐了！

听到B的抱怨，我在想，B真幸福啊，在商业地产的设计部门或是项目组工作，这是常年都跟十万平方米以上的"大体量"打交道啊。不知道你是否可曾记得，某著名建筑师，最开始是在工业建筑设计院做厂房苦练葵花宝典的；而当今某市值不菲的民营设计公司，是靠做加油站捞到第一桶金的，刚创业那几年，几个公司元老，一鼓作气，做了一百多个加油站，呼尔嘿哟。

是的，我们不能左右每个人的爱好，不能时刻念叨着："我喜欢做酒店，不喜欢做住宅；我喜欢做医院，不喜欢做废品收购站；我喜欢做大型购物中心，不喜欢做小卖店；我喜欢做学校，不喜欢做加油站。"

咱们都是从"龙套"过来的，无论设计什么类型的建筑，在自己的岗位上一丝不苟兢兢业业，就一定会有收获。

而说到修改，网上曾经流传着一张图片，调侃建筑师改图的窘境。建筑师的电脑中，项目文件的根目录下诙谐而寄予厚望的标明："最终版""最终决定版""打死也不改版""再改就死版"等壮烈极了的彪悍文件名。

遇到改图的情况，我们不要盲目地抱怨甚至谩骂，其实甲方们比我们更不想改，工期大限在那儿戳着，银行贷款在那戳着，他们真的恨不得做一场梦之后，哆啦A梦就把项目直接变出来了，如遇修改，一定是情非得已而不得不改。

　　我的一个甲方，在我完成项目的五次修改之后，在传达第六次修改时给我打电话，情绪激动地说："我们不改了！我们这回再也不改了！"我耸了耸肩："别闹！"其实我想说，再改当然是可以了啦，咱们得先签补充协议好不啦？换位思考之后，心态平和多了。

　　C抱怨，我觉得我的团队没人带我画图，大家都好忙的样子。上班的时候，都没人可以交流，甚至一天下来，都没有机会张嘴说上两句话。我想找个能手把手教我画图的师傅，这样我会觉得上班有点奔头。

　　我总是跟新人们强调一个残酷的现实：走出校园以后，这个世界没有人有义务教你画图。于是，我们就不能抱怨团队里没人带这个问题。我们所有指定性的培育仓阶段，在校园时期已经基本完成了。而走入职场，要直接面对的就是：羽翼未丰的我们要在任何环境下，都能顽强地生存，并努力在生存中自我学习及成长。

　　建筑师的自我学习，永无止境，要一直学习到"挂笔"的那一天。我们在从业的黄金几十年中，大部分时间都非常忙，"档期"也很满，还经常要跑"通告"，基本没有多少固定的时间留给我们用来学习和提升。而做项目，便成了我们建筑师平日学习的最佳途径。这种学习的形式很特别，没有固定时间段，有时几个月、有时几年，有时没有固定的主题，甚至有时还能学到意料之外的技能。

　　某实习生跟同学抱怨自己每天都很闲，看着自己像那么回事儿似的，每天都上班下班，白天基本没人搭理，带他的负责人平日里也关照不了他几下，只是偶尔叮嘱他说："多读读规范啊。"他很失落，觉得这样一天天真没意思，想一走了之。

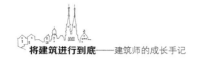
上面这种情况，我在《一个实习生的实战手册》一文中提到过，我们应该采取主动学习的方法策略。团队里擅长什么类型的建筑设计？跟项目负责人找方案文本来看，找已出的施工图来读，当然开始会有很多处看不懂的地方，但要找合适的时机诚恳地学习询问，然后做笔记，长此以往，整理成册。实习的三个月，就算真的没什么实际工程可做，我相信一本成章的笔记，也会带给你不一样的收获和体验。

话说，如此低调勤奋的新人，谁又不喜欢呢？

少一些抱怨吧！此刻，我们能做的，唯有勇往直前。

26

奥特曼打小怪兽

> 我们需要奔着一个理想，然后量化理想，再通过各种方法排除万难
> 去实现理想。

V小姐下个月就要去新公司走马上任了，她原本在一家国企地产公司做高管好多年，而后调整状态到一家轻松融洽愉悦闲适的乙方公司工作，而如今，又要做回甲方。

用她的话来说，她当不了乙方，大多数的乙方都是在夹缝中求生存。调整了半晌，人越调越颓，仍旧不是好的选择与归宿。对于她来说，最好的工作状态就是：十八般兵器轮番上阵，冲到前线去，每天处理各种棘手的问题，才是一个人最佳的工作状态。

正如，奥特曼打小怪兽。

奥特曼打小怪兽，真是个恰当幽默而又饱含鸡血的说法。奥特曼是正义的，而小怪兽是邪恶势力派来恶搞地球的。我们把自己比作奥特曼，虽不算强大，但永远斗志昂扬。小怪兽们以各种意识形态客观存在于我们前进中的每一步，打倒一拨儿再来一拨儿，不正如我们在工作中遇到的各种神奇而棘手的困难吗？

奥特曼拼杀得天翻地覆饱含激情，而小怪兽们也被打得人仰马翻抱头鼠窜。

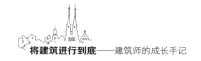

最终结局总是人心所向，奥特曼必胜。真是人类社会的美好愿景啊！

11月，深秋至，天气开始渐渐泛了凉。秋风一起之际，在我看来便是万物复苏的开始。我是多么喜欢萧瑟的秋天！美中不足，没有落叶。

饭馆的隔壁桌坐着两个年轻人，有一搭无一搭地聊着。

甲问乙："你手里有几个项目？"

乙回答："两个。一个是××的投标，一个是××项目的设计变更，超过两个我就做不了了。"

甲说："超过两个我也不行。"

我打量了一下这两个人，年纪三十岁上下，毛发很少，眼神中带着疲惫。看得出，应该很缺觉。我很喜欢观察人，想象着他们的关系、职位以及正在面临的困境。然后，微微一笑继续低头吃食。

没错，我遇到的应该是两个普通的建筑师，但是很遗憾，在他们的身上，我丝毫看不到光彩。什么是光彩？就是职业建筑师的光芒，我见过那光芒。那是在夕阳下，落日的余晖照耀在建筑师的脸庞，瞬间光芒万丈，那一刻，我终生难忘。

一个优秀的建筑师，应该是闪着光的。而大多数为生计而奔波的建筑师身上没有光，更多的是被疲惫压抑着苦中作乐的灵魂。

我们每一个人都曾经是压抑而孤独的。我也有过压抑：出图时间太紧根本画不完；大年初五甲方打电话催图；投标投到第二名；甲方的电话总半夜响个不停；×××在背后说你不行，各种人言可畏。某一个冬日的傍晚，我坐在公交车上，一站又一站地坐，视线模糊了车窗，我甚至看不到作为女建筑师的未来在哪里？

小怪兽真的不太好打，现实世界布满荆棘。我仔细地揣度着，那些阻挡我们的小怪兽到底是何方神圣呢？

（1）我们自己的负能量以及怨念。

（2）阻挡我们向理想世界前进的障碍。

（3）带给我们负能量的人。

（4）我在那儿呆得好好的没招谁没惹谁，突然来追打我的小怪物。

没错，我们首先要面对的小怪兽便是自己的内心。平日里，那些主动或者被动的决定，大都是我们自己做出的。自己，即是主体。我们自己的正能量或是负能量，三观认知度以及意识清醒程度，直接影响着我们做出的每一个决定。

当然，我们的经验及人生阅历有限，不能准确地预知每一个决定所带来的后果（善果和恶果）。但我们可以指导自己的心念向一个良性而积极的方向走，需要摒弃自己的负情绪以及怨念，在打小怪兽之前，习惯性地先要问问自己：

（1）我要的到底是什么？（意图）

（2）我要怎样解决目前的困境？（方法）

（3）想到方法A之后？是否有其他预案BCD？（选择）

（4）这么做最好、最差的结果可能是什么？并且，自己准备好了吗？（最好及最坏的打算）

（5）是不是需要立刻做出决定？（三思而后行）

我们固执地在苍茫大地中独行，幸好，我从未怀疑过自己。我热爱我的职业，热爱我的工作，我只要有一个念想，便会为之全力以赴，勇敢前行。

奥特曼打盹儿："小怪兽太多了，我白天打，晚上打，醒来时打，睡着了还在打，我怎么永远打也打不完？"

小怪兽冷笑道："你不行吧？这点儿都坚持不下来，还奥特曼呢！"

"做事如车上坡，拉车与推车受力相等。但拉车的眼前是风景，推车的眼前是车腚。拉车的不放手是责任，推车的不放手是塞心，放手是被碾压。要么选择拉车，要么选择推车，否则危在旦夕。"前辈如是说。

主动地去当一个拉车人吧，只有把风景立在眼前，才能把光芒留在身后。不是吗？

其实说到底，打小怪兽并不是一件堵心的事。不是有那么一个漫画吗？奥特曼打着小怪兽，最终却把小怪兽抱在了怀里，他同时也爱着小怪兽呀。

我们需要奔着一个理想，然后量化理想，再通过各种方法排除万难去实现理想。

这个过程是艰难而幸福的。

幸福是什么？猫吃鱼，狗吃肉，奥特曼打小怪兽。

祝福我自己，

祝福V小姐，

祝福每一个强大的奥特曼。

27

为自己加班

加班真的可以改变命运，是积累，让他们如此从容。

我曾经在微博上提出了一个关于加班的话题。

所长说："这周末大家辛苦一下，加班！"

大家心潮澎湃，难以自已，遂涌现出种种回应——

A："我去！又加班！"

B："有什么理由能请个假呢，拉个肚子？"

C："要么我直接不告而别吧？"

D："我觉得所长挺帅哒，我加到半夜也许有机会单独相处，啧啧……"

E："我要到处散播言论，说所长是个变态！"

F："哦！"

调查结果显示是，90%的人，选择了"哦"。于是，在各种需要加班的慢慢长夜里，大家加得怨声载道，"哦"声此起彼伏，悲壮得让人有些敬畏。

微博上的一位朋友跟我讲了一个关于加班的小段子：六零年代的领导说，周末咱们大家加个班。七零年代的人敢怒不敢言，八零年代的人嘘声不断，九

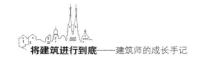
零年代的人拎起包就走，零零年代的人拿起手机嗲道："爸！帮我再重新找个工作呗！"

不同的年龄段，有着对加班的不同看法。每个年轻人怀揣着不同的理想，带着不同的思维方式来到职场，大家对待加班的态度也不尽相同。

曾经有一个特别卖力的同行，上会九天揽月，下能五洋捉鳖那一型。只要老大抬手一指，真是指哪打哪，战斗力满分，永远斗志昂扬，从不松懈。我问他："你的鸡血是什么？是什么支撑着你有这么大的战斗力，而且能持续得这么久。"他幽幽地告诉我："我买了一套房，每个月需要还的贷款就有九千多块，我必须付出比别人更多的努力，为了得到与之成比例的薪酬。"

我一时语塞，心中暗暗感叹，真不容易。他的领导非常器重他，屡次委以重任给他，只要有表彰或者出国的机会，也都首先紧着他，领导像对待保护动物一样，给予他能给予的一切，包括薪水。两年之后，他还是跳槽了。理由很简单，新公司虽然看起来没有老东家硬朗，也没有这些福利，但却开出了更高的年薪。

新公司在建筑行业低谷的那年裁员，一百多人的公司，裁得只剩下二十人。而他，真的就是这二十人中的一个。用他的话说，我在任何环境下必须比别人更努力，因为我要还贷，我不能没有工作。他留了下来，仍旧勤奋苦干，随着公司的发展，渐渐做到了管理层。

这是一个在生存压力下，努力加班，终于熬成婆的案例。对于他来说，加班不是爱好，这是他的工作，是他谋生或者说能给他带来更好的生活的唯一手段。他必须这样做，也只能这样做。他只有比别人付出的多，他才能比别人得到的多。

生存现状决定工作态度，无可厚非，我敬佩这样的人。

J在上海一家境外事务所任职，有天跟我闲聊："你知道吗？我这个月加班五十个小时，以为不少了哈，结果竟然有一哥们这个月加班累计一百五十个小时，光加班费就比我就这个月的奖金多！"

J在说这句话的时候，没有抱怨的情绪在里面，只是一直感叹，嚯！这个世界上怎么能有这么能加班的人啊？他是超级玛丽吗？他平时吃西洋参吗？他没有私生活吗？他不知道什么是累吗？他是不是天生工作狂啊？

J本着研究的态度对同事的非正常加班事件展开调查。调查结果显示：这位同事名校毕业、家境优越，长得也挺帅。并不是因为生活所迫、专业不对口或是根本没人爱才加班加到地老天荒的。那是什么原因呢？不久，J告诉我他通过研究得出的结论，这个结论很神奇，竟然就俩字儿——热爱。

他发现同事每完成一个项目，都主动请缨立刻投入下一个项目，完成任务量是别人的两倍有余。接下来发生的事，大家都预料到了，这位同事，迅速地成长起来。几年之间，无论是业务水平还是项目经验，让跟他拥有相同工作年限的同事们无法类比。

两个案例，一个结局。两位年轻人，在加班的路上真是"蛮拼的"，无论他们物质上最终得到多少，两个人所拥有的共同胜利果实便是——迅速地成长。迅速地成长是指一个建筑师在最短的时间里，进入最佳状态的体现。或许可以说，虽然他们在金钱上也得到了应得的回报，但他们在短时间内得到了比金钱更可贵的东西。

阅历上的成长，技术上的成长，经验上的成长，情商上的成长。顺利地从建筑师的初级阶段（菜鸟鹌鹑瘸腿儿跑阶段）过渡，进入了一个自己有能力做出一些选择，可以掌控更多机遇的新阶段。

很多建筑师抱怨自己"苦逼"，自嘲是"画图狗"，没有未来，没有明天，每天都是低着头画图，每天都在循环着同样的事，几乎没有自己的业余时间。你看xxx每天往办公室里一坐，给甲方打打电话，指导指导图纸，然后下下工地，参与一下高端论坛设计雅集什么的，过得滋润极了，他怎么可以这么

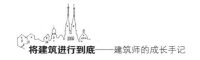

从容?

而事实的真相是：**你用羡慕的眼光看着一个人时，你羡慕他的生活，你羡慕他的工作状态，羡慕他所有的一切，而他究竟孤独地战斗了多少个漫漫长夜，你是无从而知的。** 他们每一个人，都曾经是你眼中的"苦逼"。他们曾经是A，通过努力成了B，再经过时间的历练成了C，而现在你看到的是他的D阶段，并且只看到了D阶段。

加班真的可以改变命运，是积累，让他们如此从容。

这个世界，真的没有捷径。

最后提一下：加班可以鼓励，但熬夜万万不可。抓紧白天的时间，提高自己的效率才是王道。那建筑师如何可以不熬夜呢？

（1）别光为了急着争取项目，与甲方制定无理的出图时间。

（2）晚上画图，第二天上午不来了，你熬的这夜有意义吗？

（3）临睡前制定第二天的详细工作计划。

（4）别拿晚上有灵感当借口，干大事都靠白天。

（5）晚上十一点睡觉，才有光彩照人的明天。

羽翼未丰的我们，要在任何环境下都能顽强地生存，并努力在生存中自我学习及成长。

┃罗小姐·小事记C┃

■ 建筑女+结构男 = 兵戎相见离婚收场；建筑女+暖通男 = 人人艳羡恩恩爱爱；建筑女+给排水男 = 女王陛下放着我来；建筑女+电男 = 未知（可能不来电，身边无实例）。建筑女+建筑男 = 殊途同归夫妻店。（以上是身边那些关于建筑女的情感故事）

■ 甲方问，罗工，有没有一种能推拉的防火门？我大义凛然地告诉他，没有！人家门都往疏散方向开，推拉怎么疏散？（我没见过的东西通常认为是不存在的），强势并振振有词地一番解析之后，甲方满意地挂了电话。我开始搜索，原来世界上真的有推拉式防火门这种东西。（节操在哪里？）

■ 难得可以有机会边听歌，边悠闲地画地下室。耳机里循环着江美琪的一首首淡淡的心灵鸡汤式的音乐。俨然觉得自己升华成了一个秀外慧中、兰心蕙质的姑娘。让那个为了抢项目拍桌子跟人吵架，为了解决棘手问题一人单挑十六个甲方，为了少一根柱子、为了立面通风百叶更隐蔽跟各专业对抗的女战士随风远去吧！

■ YY跟我说，她当甲方有一必杀，项目进程中无论是谁跟她对接，稍觉被怠慢或不爽，就直接打电话跟他们院长告状。这招屡试不爽，各项目经理们配合得战战兢兢。我望着眼前的YY，想起大学时那个温柔纤弱的女子，现在真的出落成了一个女战士。

■　为了缓解周一综合征，我做了蜂蜜面膜，泡了黄浦江式的澡，眼看自己肉体和灵魂几近死猪时，想到了下周三有个项目要汇报，现在连总图还没有呢，下周末要出个十二万平方米住宅的文本，下周喜达屋的酒店修改不容拖延，下周那个天马行空的概念方案小男生要坚持不住了……死猪们纷纷复活争先恐后地跳出了黄浦江。

■　一日，游泳。泳罢，更衣室巧遇公司里四十多岁的给排水女总工，脱光之际寒暄半晌，本想自己年轻窈窕，猛然发现女总工腹部荡漾着六块腹肌。顿时，整个人都不好了……我终于明白为何多年来各专业混战，有些专业总是搞不定，我还时常带着一副不服来战的挑衅神情，谁知早已输在了起跑线上。

■　罗工？这乌黑瓦亮的是什么高级玩意喔？答，我让石材厂家帮我切的。我顺便还切了白城堡、黑洞石、贝金啥、粉红佳人、二级雪花白……接下来还准备定做个迷你的深蓝色磨砂喷涂中空Low-E玻璃拴脖子上。（我不亮相建材展都对不起我自己）

■　曾经有个结构男给我修了一下午电脑，一年后，他成了一名一级注册结构师；曾经还有个结构男给我修了一下午电脑，现在，他已经是高级工程师了。疑问如下：每天修电脑跟成为一名优秀的结构男有无必然联系？（虽然我打心眼儿里一直与结构男保持敌对状态。）

■　周一，注定是忙碌的开始：综合体扩初出图后根据最新修改调整效果图；某规划设计折腾了好几个月这周要出最终文本；为了设计福利院假装家

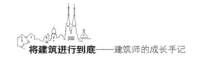
属身份流窜于护士站与老人房之间；上回跟踪一个月的项目竟然要公开招投标了。（生活不止眼前的苟且，还有诗和远方的田野。）

■　我很八卦地追问团队里的一个姑娘是如何搞起办公室恋情的，她说："去年那个三十万平方米的综合体，我画裙房，他画地下室。"（裙房和地下室相爱了。）

■　女弟子恋爱之后，每天俩人一起上班，一起下班，中午一起吃饭，晚上一起回宿舍（公司宿舍）。我觉得这样还不够，为了巩固恋情，我准备带他俩一起做一套施工图。（我能做的只有这么多。）

■　我们都曾经这样：同一个项目改上二三十遍还在改改到想吐；看图看到同一个错误错了N次还能画错怒到想骂街；接同一个甲方的电话保持在线从早八点到晚十二点笑容僵硬想关机，夜班三更站在十字路口只看到路灯和自己撒腿狂奔而去。（我们走过的每一天都是为了更好的日子，更好的自己。）

■　是的，我们绝大多数的建筑师没有车补、餐补、妆补、下午茶补、游泳健身补，出门我们住如家，没有打过高尔夫，出差永远是经济舱的早班飞机，天天对着CAD。但我们用仅有的力量最大限度去爱、去看、去体验、去生活……我们热爱头顶上的蓝天和脚下的土地，哪怕是封顶后超高层的毛坯。

■　每个周一是这样开始的，从进办公室门到座位上短短的二十几米的路，要说很多话：A你把昨天改的四个户型全部打出来；B你打电话问审查所审查合格书编号有没有下来；C你把××项目总平图和指标打出来给我看；D你去会议室布置好电脑投影仪十一点业主要到；全体十分钟后会议室开会……（充满紧迫感的一天开始了。）

■　我曾经发飙一次，源于个别同志在我特别提醒晚上六点左右会有领导主持的他正在参与的项目建筑、景观碰头会的情况下，下班时间一到招呼不打自己撤退了。无论你从事什么行业，无论你此刻职位高低，你的职业生涯走向往往不是取决于你的专业水平，而是取决于是否有端正的态度和最基本的职业精神。

■　夜行，经过我第一个城市综合体，夜色中隐约可见AB塔楼主体结构已经到八层，心中一阵惊喜，前几天，甲方跟我确认石材表面的凹缝尺寸及磨砂形式，我说，上墙吧。想我这个项目从投标到施工图审查合格，历时八个月，几次起承转合，个中滋味，酸甜苦辣，惊心动魄。世间有的路，即使很艰难，也要一直走下去。

■　我也有死穴，在我咄咄逼人、晓之以理动之以情、软硬兼施、运筹帷幄、决胜千里地对某总工级结构男进行关于此处结构设计的结案陈词后，他显然没有任何借口反驳我，但他只对我说了一句话："各个连接这么弱，真！的！很！危！险。"这一句，便将我成功拿下。女人就怕这个。

■新来的小姑娘参加工作正式满一个月，写满一张A4纸的月工作总结给我。主要内容如下：①进入职场后与在校的不同；②罗列这个月的工作量；③日后将怎样努力。N年前类似这种事我也干过。内容主要有以下两点：①浅谈中型国有设计院的改制；②改制后关于企业发展的几点规划意见。当年我的幼稚举动估计雷倒不少人。（年轻的时候，谁没雷过啊？）

■　下班后，我一人戴着耳机玩祖马，玩到人机合一之时，隐约发现背后站着个人，他问我："你到底有多爱玩这个啊！？"我说："就这么十几关，我都玩了十多年了。"

■ 晚上在某综合体看电影，散场后想嘀一辆出租车。司机打电话问我在综合体哪个门？我絮絮叨叨东南西北各种招牌店面描述了半天司机没听懂。最后，司机忍无可忍地说："你就直接告诉我，你是从沃尔玛出来的还是从电影院出来的？！"我当场就惊呆了，瞬间觉得司机帅呆了。（综合体内部最密集的两个人流节点应用得太精准）

■ 一位新人跑来跟我说："罗工，刚才施工图的X工跟我说，你昨天说的剖面管井的画法不对。"我正埋头算指标算到高潮处，听了这话抬头："我是这个项目的项目负责人。"新人点头如捣蒜，识趣地走了。我不禁害怕起来，我是从什么时候变成了那个炼就九阴白骨爪十恶不赦的周姑娘。

第四章

你好, 甲方

姓　　名: L小姐

年　　龄: 35岁

工作年限: 10年

职　　位: 项目负责人

缺　　点: 追设计费时, 有时候方法比较生硬。

优　　点: 在跟甲方的推手、斡旋中变得柔软, 但
　　　　　坚守自己的原则。

我是一个有要求的人，我也是一个有要求的乙方。

28

我有个甲方

真想把我每一个甲方的故事都写出来，人间万象，温暖常在。

壹

我有个甲方，配合了一年多了，我自认为跟她的交往刚找到了那么一点儿感觉，合作也相当愉快。只是，突然有一天，她在QQ里通知我，从明天起这个项目换成A总跟我对接，她辞职了，在淘宝开了个店，卖婴儿纸尿裤。这个消息真是惊着我了。那天，她小心翼翼地告诉我，其实在地产公司有的时候没有个人尊严，她这回揭竿而起自己当老板。或许，地产的薪水很耀眼，但还是做马云背后的女人让人更有存在感。

贰

我有个甲方，为人比较木讷，平日里不太爱说话，一看就是低头做事、埋头苦干、兢兢业业。不善言辞的主儿。开项目讨论会时，他从来不发言，一杯茶水挺俩小时，偶尔上个厕所，任凭会议中大家群情激愤高谈阔论，无论什么情况，永远不发表个人意见。直到……有一天，他突然给我拽到一边，幽幽地说，你去看看合同，按进度是不是该结下一笔款了，如果是赶紧来申请哦。

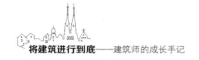
（我掐了一下自己，我没听错吧？）后来，他的同事告诉我，他原来是设计院的，前年才转行来做甲方。

叁

我有个甲方，思维活跃，每每有了新的想法或意见，都会及时跟我沟通，因为这是他自己的项目，自己就是最大的股东，特有热情，所以根本不区分上班或下班时间，想起什么，便抄起手机跟我煲粥。只不过，这个甲方讨论方案很少打电话，喜欢发微信，而且不用对讲功能。每回讨论沟通，我就会用肉指头戳手机戳一俩小时。就因为这个，我差点炼成了大理段氏一阳指。后来，有个同事实在看不下去了，跟我说，你不知道微信有个PC版吗？但是，我是时时带着手机，但不是时时抱个电脑呀。于是，只能继续低头用肉指头戳呀戳呀戳到地老天荒。

肆

我有个甲方，催图每次都催得特别急，比如一周以后是交图时间吧，从倒数七十二小时开始，每两小时"关心"一下我的进度，催一下图。其实这样是没有经验的表现，我知道，要是真急的主儿，肯定搬把凳子坐到设计院蹲点儿。后来，他觉得催得不过瘾，想了一个办法，一到快出图的那几天，就会来我的朋友圈给我点赞，刷存在感，让我360度无死角地感受到他的存在。精诚所至，金石为开。终于，我被他的"诚意"打动了，给他点了个赞。

伍

我有个甲方，是那种当一天和尚撞一天钟的类型。他的同事（甲方）跟我偷偷地讲，他就是在甲方的队伍里典型的混混，混吃混喝，存在感很低，也没有什么要求，从不出幺蛾子，最大的特长就是听话，自己永远没想法。但！是！有一天，设计部那么一帮人，只有他升官了。甲方堆儿里不是能作天作地就能有好发展的，不是有句俗话说得好：如果现实将你击倒，你不要反抗，不要谩骂，不要奋起直追，你就这么趴着，一点点向前"雇佣"（谐音），匍匐着前进，那些冲锋陷阵的前浪都倒在了沙滩上，没准儿最终的赢家就是你。

陆

我有个甲方，喜欢每天8：45分准时来电话，而且每次打电话，都一股脑儿地说一大堆的事儿，让清晨还没有完全进入到上班状态的我得吸收半天。我好不容易吸收完了，回头一看配合的同事，还没来呢。于是，我果断要求团队的上班时间由9：00调整到8：40。我想着，这回总没问题了吧。根据具体情况，我们要有具体的办法。可是后来，他打电话的时间，又调整为晚上11：30。（我忘记了，淘宝客服都是早8晚12的，但是人家客服的班是轮值的啊）。后来我知道了，大部分的地产公司都是8：30上班哒，而下班时间，那个……看情况吧。

柒

我有个甲方，在年初的时候跟我说：今年我司的目标是四！百！万！平！方！米！我立刻云淡风轻强装镇定地"哦"了一声，然后在后台高速运转脑补了一下设计费。

捌

我有个甲方，行动力极强，但凡有个情况需要落实，确认时间绝对不会超过半天，上天入地，战斗力完全是一枚有了子弹的超级马里奥。早上跟我说，罗工，你放心，我一会儿就去规划局落实一下，通常不出十点，就有反馈；中午我还在吃午餐的时候给我打电话，我听出电话那边也边嚼着饭边跟我说，十一点的时候，我又去征询了一下人防的意见，我们这个地下室啊……我赶紧跟他说，慢点说，别噎着，你太拼啦！（其实我一直隐隐觉得，这个公司他是有股份的，这工作劲头儿，实属罕见。）

玖

我有个甲方，平日工作特别有条理，有板有眼，有理有据，我很喜欢跟条理清晰的甲方共事。但我慢慢发现，只要跟他提设计费的事，他都会跟我说："这事儿我做不了主，你得找我们领导。"平日里的果断与主见，全部灰飞烟灭不见踪影，真是油盐不浸刀枪不入。后来，他再跟我催图，我只能抱歉地对他说："这事儿我做不了主，你得找我们领导。"（复读机成功附体。）

拾

我有个甲方，微信头像是哆啦A梦。这让我一直无所适从，话说深了说浅了，都很闹心。尤其是追设计费这一项，我无法忍受自己竟然一直在跟一只如此萌的哆啦A梦追钱，它是那么纯洁、忠诚、可爱、善良。作为一个蓝胖子的铁杆粉丝，我在工作中时常出戏，经常考虑要不要把头像换成大雄，让他帮我变出一支竹蜻蜓。（大雄，我要吃铜锣烧。）

29

微妙的关系

你拿甲方真的只当甲方，你永远是被动的。

同学老金打电话来向我江湖救急，说马上就要去上海跟酒店公司沟通了，这是他第一次做酒店，对很多东西还不是很了解。他向我询问，跟酒店公司沟通时有什么特别要注意的吗？

我想了想，酒店管理公司都有自己的供方，如果突然冒出来个他们不熟悉的人，通常是不太好对付的。于是，我把在几个酒店项目中与酒店公司过招的小心得与老金分享，起了个俗名：建筑师智斗酒店管理公司黄金六法则。

（1）酒店管理公司通常会很强势，要有心理准备。

（2）如果他们批你们设计的方案不行，千万别堵心，那是他们有意向甲方推荐自己的供方设计公司。

（3）尽量不要表现出自己从来没设计过酒店，没做过酒店。咱总睡过酒店吧？有什么想法，别怕说错，大胆提出来就好。记得多举国外的案例哟。

（4）如果同行的人里有甲方，一定要与甲方统一战线。三方会晤里，你和甲方才是一伙儿的。

（5）酒店管理公司、甲方、设计公司终归是合作关系，大家以茶代酒、以

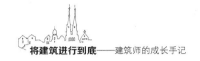

武会友，不要互相找别扭，共襄盛举才是硬道理。

（6）记得，穿好的，这种会属于社交场合，你懂的。

故事的结局是，那场战役，老金打得不错。而且，那天的造型，意外地达到了自己颜值的巅峰。老金与酒店公司的这次项目会议，再一次验证了：甲方才是我们的最佳搭挡，小鱼儿和花无缺的即视感立现。

甲方和乙方到底是什么关系？是买卖关系吗？是主仆关系吗？是恋爱关系？是医患关系吗？

甲方与乙方的关系始终属于雷区话题，并且舆论上的词藻出奇地一致，满屏弥漫着"虐与被虐"和"初恋论"等神乎其神的词藻。有的比喻更加直白而粗俗：一个是给钱的，一个是要钱的。什么情况？为什么会有如此奇特而扭曲的比喻呢？

甲方有许多的部门，建筑师接触最多的就是设计部，而设计部接触最多的自然是项目经理了（当然级别高的可以对接到总监或者大老板）。我曾经有很长一段时间，都是在甲方项目经理的电话中醒来，然后再在甲方项目经理的电话中进入梦乡。早中晚，每天不打上十通电话，那他一定是变心了。

很久很久以前，我如果三天不带手机，也不会有人因为找不到我急得团团转；但是自从我开始负责设计项目之后，若是哪天我没走心忘记带手机，甲方们便急得火烧眉毛，就差报警了。骤然地发觉，咱也是有人惦记的。嘿！还好几拨儿一起惦记。

即使在我考注册建筑师的时候，他们仍旧不忘三百六十里加急连环急诏。那天我刚出了考场，便接到甲方一项目经理的电话，心中泛起一丝不悦。

还没等他开口，我便抢先道："这几天我在考试，图纸什么也调整不了，公司主力都不在，别人也调整不了，什么事等我回去再说噢！"

项目经理幽幽地说："老板……让我跟你说……这一笔可以开发票了。"

我在电话那头立刻眉毛一挑："哎呀讨厌，怎么不早说，有空常来哟。"

他们真是比男朋友还要积极、准时、守信，时刻地想着你。有时候，我生病了，也就请个半天病假吧，甲方听说后，特别关心，言语温柔地跟我磨牙："罗工，你怎么啦？不严重吧？要好好休息呀！你是不是下午就能开工啦？我们的项目这次要调整……。"而当我康复后精神抖擞地出现在战场的时候，项目经理们才长出一口气。看起来，他们像是真的得救了一样。

不是因为我水平高，也不是因为我有什么过人之处。地球没了谁都照样能转，为了进度再找个"甲乙丙丁"替代我也不是不可以。但当一个项目进行到中期阶段，前面所有的起承转合，我最清楚，临阵换将，兵家大忌啊，这个道理甲方们都懂。还有，他们都知道，跟罗工配合很愉快，我不轴，即使拒绝，也会给项目经理们的嘴里塞块儿糖吃。

是的，因为我们彼此需要，所以彼此珍惜。

一日，甲方独自去上海跟酒店公司沟通，败兴而归。回来打电话给我，上来就一声叹息："好后悔与喜达屋沟通的时候，没有带上你，搞得我们谈判很被动。"我谦虚道："哪里哪里，下次一起就是了。"其实真正的内心戏是：当双方谈判僵持不下的时候，我跳上讨论桌来段肚皮舞调节一下气氛。

大兵压境，练得就是临危不乱，请原谅我这些年一直致力于内心戏的自我救赎，工作太苦了哈，压力太大了哈，不要见怪。偷偷地讲，我有时候开会也难免会走神儿，在大家争论得热火朝天的时候，我的思维也许已经徜徉到大溪地去了。

很多甲方以前就是建筑师，我们叫他们设计院出身的甲方。他们并没有像坊间传说的那样，"有朝一日当甲方，虐遍天下设计院"。他们比任何人都能理解乙方的不易，跟他们配合是温暖的，制定的时间也合理，沟通无障碍。特别值得一提的是：跟他们追设计费，流程是走得最快的。

甲方乙方的关系，需要将心比心，换位思考，以真心换真心。和甲方配合

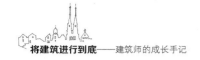

时，我们建筑师先要做到的是理解他们。没错，他们是喜欢下班之后打电话，他们也喜欢每到周五才出修改意见，然后让你周一就改完。但他们的压力也是非常大的，他们因为事情做不好经常被上司骂，上司被上司的上司骂，上司的上司被终极大老板骂。那场景，我见过，惊悚极了。

甲方们不离不弃地跟我吵吵闹闹磨磨唧唧絮絮叨叨地和平共处了很多年。他们之间的一些人，换了工作，一些人升了职，还有一些人当了全职太太。

这些年来，我们的关系很微妙，我们早已不只是甲方和乙方的关系，是并肩作战的伙伴，更是真心相伴的朋友。你拿甲方真的只当甲方，你永远是被动的，人与人始终是讲感情的，尤其是合作中建立的战斗友谊，更是弥足珍贵。

30

团团记

那是一种患难与共、肝胆相照的感动。

姓名：团团

性别：男

年龄：40岁上下

职位：甲方项目经理

特点：腼腆、敬业。跟他配合，你从不觉得他是甲方，倒是像一个客服。

团团的出现并不是多么的石破天惊，这里写的是一个普通的项目，一个普通的建筑师和一个普通的项目经理之间的小故事。

我们知道，甲方里面通常有好几伙人，当然，官方的说法是把这好几伙人称为甲方内部设立的各种部门：营销部、策划部、设计部、工程部等。而在项目的各个阶段，总会有肩负不同使命的甲方与我们对接。也就是说，一个项目做下来，建筑师需要面对的不是一个人，通常是一群人。

建筑师的工作就是这样，我们有的时候会面对甲方的终极大老板，有时也会遇到普通的办事流程人员。我喜欢与人交往，人和人组合在一起就会发生很多有意思的事，当我们要与一群人打交道的时候，那一定是一出精彩纷呈的大戏。

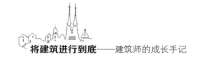

项目进入方案报批阶段的时候，团团出现了。他是一个非典型的南方男子，身材高大魁梧。据说，他在集团公司内部组织的羽毛球赛中屡次赢得第一名。他很有修养，也不算个急性子，每次说话都细声慢语地，与他威猛的形象略有反差。（夸成这样真的好吗？）

因为报建的工作是烦琐而反复的，那段日子，我们每次都约在主管部门的门口碰头。他每次都早到，仔细跟我沟通注意事项，然后帮我拿图纸。我们一起坐在长椅上等汇报，我们一起测日照，我们一起在各种突发问题轰炸之下反复地探讨和修改。

他有一辆很旧的车，我常常会故意当着他的面说闲话映射他的老爷车旧，我知道他不会生气，他总是不好意思地笑。有时他也会坐我的车，我的车雨刷不太灵光，一日大雨滂沱，他坐在我的车里，十分得瑟地说："你看，你这辆也不行吧，赶紧去换个雨刷。"仿佛一直被我揶揄，此刻终于大仇得报。

在项目的进程中，我和团团经常通过网络传图纸，但奇怪的是我们之间互相传图总是断线。

他每次都很自责地说："对不起，是我们网络不稳定，耽误你的时间了。"

一看他态度这么好，我的急脾气也就没了半分。但我好奇，为什么他总说自己的网络不稳定？

有次我实在忍不住说对他讲："也许是我们设计院网络不稳定。"

他立刻回答道："我们老板交代过了，只要是图传不过去，就要主动承认自己网络不稳定。"

我心中暗翘大指，老板果然有格局，在与乙方的公关方面好有经验，比如像我这种乙方，不怕来横的，但只要你温柔下去，我自己就先没电了。再后来，我恻隐之心大发，专门派了个人去拷图给他。

团团从名牌大学毕业，是设计院出身的建筑师。刚毕业的时候，在一家效益还不错的私企做建筑师。干着干着倒了戈，当了甲方。这一当便是十年。

跟团团的配合的过程中，有一个小插曲。他所在的部门，有一位办事专员，因为工作的需要我会跟他对接一部分工作。这位办事专员貌似不屑与设计院的建筑师打交道，世界上永远他最忙，沟通工作基本用喊。

几次下来，姑娘我有点儿压不住火了，但多年的职业操守提示自己，一定不能火拼哈，自己的一时之气，可能让团队小伙伴们多日的努力付之东流，忍字心头一把刀，为了大我牺牲小我，忍了。

尴尬的场面屡屡呈现之时，团团挺身而出了，出面调停，其实当他站在我这边儿的那一刹那，他的形象立刻高大了起来。据当时的罗小姐回忆，团团的身高虽然只有1.80cm（本来就很高），但仰视感凸显，那时候看他就像在看姚明。

我做事有自己的原则和底线，大部分的甲方是可以互相商量着解决问题的，但如果遇到挑刺儿且不好配合的轴人，绝不能姑息。我通常的做法是，我会把情况反映给他的老板，让老板换一个专员与我对接。意思是：亲，你们这回看着办吧。

而甲方老板们通常追求短平快地狂飙突进，自然会顺应我心。老板们的内心戏通常是："罗工，你说，你看上谁了，你说换谁就换谁。"其实甲方乙方还是要在互相尊重的前提下来配合工作的，如果连基础的 "尊重"二字都要打折扣，那真的没有进一步合作的可能了。

项目过程中，每一个设计阶段的结束，都是支付设计费的重要节点。我所负责的项目，都会在日历上用大大的红圈把这些节点圈起来。

团团在合同里注明的几个付费节点上，表现得特别让人欣慰。经常在电话会议的结尾跟我提醒："快过年了哈，赶紧来请款，现在请款年前还是能到账的哦。"后来想想，团团当过乙方，知道乙方所想，知道乙方的难。

那个项目进入到二次设计阶段的时候，团团升官了，调任分公司，依依惜别。回忆我跟他之间的林林总总，我仍旧清楚地记得，每次到他办公室我第一句永远是："赶紧开门我尿急！"每次甲方各种神奇流程走得慢，我一遍一遍打电

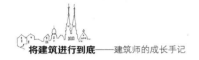
话给他，他都尽他所能帮我加快落实。我没送过他任何礼物哪怕是请他吃个冰淇淋。

　　前几日，我听到风声，团团终于要从千里之外调回来了，虽然我目前没有正在与他配合的项目，但他的回归，我貌似比他本人还高兴，我对他说："这回我不会再跟你追设计费了，等你回来，我们去吃冰淇淋吧！"

31

乙方三十六计

我是一个有要求的人,我也是一个有要求的乙方。

甲方总是永无止境地催图,然后又要我们以不符合人体工学的时间改完图纸;

甲方通常工作时间没什么动静,可一到快下班的时候,或者每逢周五,总有重大修改排山倒海地袭来;

甲方态度很差,根本没有一起合作的感情基础,屡屡忍气吞声,苦不堪言;

……

每每提起甲方,乙方建筑师们总是怨声载道。

人与人的交流和沟通是一门学问,一直在人海战术里挣扎沉浮的我们,都在主动地或被动地修炼此术。

甲方与乙方的配合交往更是一门学问,毕竟,从当前的形势来说,花钱的人总是貌似拥有更多的话语权和决策权。在乙方山头的我们,也一直在努力实现《让子弹飞》中那句经典而永恒的信仰:站着!还得把钱给挣了!

我是天秤座,有着非常符合天秤座的外向型性格,外貌党,喜欢一切看起来美艳光鲜的事物。我是一个特别爱交流的人，认识或不认识的，都可以很有话题，画家、作家、医生、食堂大师傅、保安……就算飞机晚点，也能跟机场安检值班负责人就手机二维码建设脱离纸质值机事宜的可操作性和必要性聊半个小时，闲着也闲着嘛。如果我在什么人面前特别腼腆，欲说还休扭扭捏捏，一种可能是我爱上他了，另一种可能就是我真的特别讨厌他。

说来也很奇怪，跟我打过交道的人，都能记住我，比如上学的时候，我在食堂窗口一站，食堂大师傅便会知道我要打哪几个菜，米饭几两，如何摆盘，怎样搭配。我貌不出众，看起来扔在人堆儿里也没什么鹤立鸡群之感，但我想了一下，**让他们记住我的关键理由之一便是：我是一个有要求的人。**

我的要求很多，是习惯主义的狂热分子，我可以一个月，每天中午吃同样的菜，吃煎饼果子永远要放两个蛋多加辣椒；每次入住酒店，办理入住手续的时候都会跟前台人员提出详细要求：一间大床房、不要靠近电梯的房间、不要靠山墙的房间、不要设备层楼上的房间、不要顶层的房间、不要朝北的房间、不要朝主干道的房间、不要朝向学校的房间。

我几乎做每一件事都有自己的固定习惯，永远对生活有自己的要求。于是，大家被迫地记住了我。（听起来我好像不是什么善类。）

很遗憾，跟甲方们的配合中，我没有丝毫收敛。没错，看到这里，大家明白了，在与甲方们的几十回合推手中，我也是一个有要求的建筑师、有要求的专业负责人、有要求的项目负责人。

我自编自导自演"乙方三十六计"，并把它们应用在各个项目之中。所幸，甲方们都很入戏，因为这三十六条并不是写给我自己的，而是需要彼此间相互配合才能实现的。

嗯哼！具体条文如下：

（1）在项目的整个过程中，我们和甲方的目标是一致的，只有完成，顺利圆满地完成，一切才有意义。（咱们其实是一伙的！）

（2）项目伊始，需要项目组与甲方建筑师正式见面，让甲方理解，我们不是一个人在战斗，我们是一个团队，他也是团队中的一员。

（3）任何时候，要保持好自己的形象，哪怕前一晚你半夜三点才睡，也要拾掇好自己，鼓舞士气的同时，也赢得别人的尊重。

（4）项目中各种会议不少，及时地整理很重要。不要懒惰，散会后迅速地完成会议纪要，并附上重点问题的解决方案，主动地解决我们自己的问题。即使甲方自己也会做纪要，我们还是要完成自己的那份，大家的关注点不同，达到的效果有偏差。

（5）作为项目建筑师，手机每天要保持至少十六小时畅通，别总想着自己的私人时间不可侵犯，既然选择了这条路，身上肩负着责任，你已经不再代表一个人，你的任何行为都将赋予团队的标签。

（6）如果在假期或者较晚的时间接到甲方的电话，不要心存抱怨，因为对方也正在工作，彼此道一声："我们辛苦了。"

（7）在与甲方的配合中，凡事商量着来，不要一口说到底："这样不行！这样完不成！这是根本不可能的！"我们的存在，是为了解决问题，而不是去创造问题的。

（8）每天比甲方早开工十分钟，不要等他已经打电话开始新一天的工作配合了，你还在地铁里，或者在开车，不方便接听。

（9）不要草率地与甲方立下约定，无论是口头上还是笔头上的，项目的不

确定因素是实时存在的，丑话说在前，好过事后互相指责埋怨。

（10）在电话沟通的时候，要善于使用那句前人用了屡试不爽的至理名言："我考虑一下，等一下再回复你。""我跟领导汇报一下，等一下再回复你。"有时候并不一定真的要把这些破事儿跟领导汇报，只是为了给自己足够的时间，因为很多错误的决定都是在不经意间做出的。

（11）跟甲方的沟通要主动，主动去推动项目，而不是一直让甲方在屁股后边追着你。

（12）选材料的时候，别忘记跟甲方要他们的供方。石材、涂料、玻璃、铝合金型材等这些每个项目几乎都要用到的东西，甲方都有自己常用的供方。

（13）严肃的表达，理性地沟通。举止稳重，遇事不慌乱急躁，心理素质要直逼四道杠的航空公司机长。

（14）与甲方的约会，如碰面、下工地、项目会议等，一定要准时，别以堵车、找不到地点等为理由，靠谱的乙方守时是标配。

（15）项目会议中，一定带着问题来开会，毫无准备漫无目的前来，只能在会议中被打个措手不及鼻青脸肿，使己方陷于被动。

（16）每遭遇一个甲方，要知己知彼。知道他们公司的过去，尽量了解他们公司现在，才可能有机会共同面对彼此的未来。

（17）甲方里不乏总有些神奇的人物（不对付的人物），别因一条不好吃的鱼，就埋怨一锅汤，遇君子礼貌得体，遇小人不卑不亢。

（18）甲方和乙方有成为朋友的可能，尤其在一个项目坎坷万千、历经劫难重获新生之后。

（19）和甲方之间的配合，如无特殊情况尽量不要越级沟通，忍无可忍有可能影响项目进度的时候除外。

（20）急甲方之所急，并为他解燃眉之急。作为乙方，要在最关键的时刻，出现在关键的位置。

（21）遇到棘手的困难，要尽量和甲方一起想出多种可能的解决办法，不要给彼此错误的心理暗示，要坚信总有一个方法最正确，这个问题总能解决。

（22）换位思考，增进了解，相互理解。当你知道，甲方小哥可能因为一点小失误就会被他的上司骂得狗血淋头的时候，你便知道他每天的压力有多大，别笑话他，咱们努点力，拉他们一把。

（23）当项目需要你与第三方配合的时候，如二次设计中的一些部分。尽量不要直接对接第三方设计单位，凡事最好通过甲方，你跟第三方辩论几个小时，敌不过甲方跟他说一句话。

（24）如果甲方说，时间要紧，图纸不一定要完全精准。别掉以轻心，其实他们的潜台词是：时间要快，图也要画得精益求精。

（25）时时保持与自己的上级沟通，不要擅自做重要的决定。（当你不确

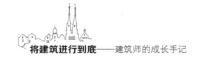

定这件事是重要还是不重要的时候，那它一定是重要的。）

（26）越是焦头烂额的时候，越是要照顾好自己，留得青山在，别忘记取悦自己。

（27）跟甲方互相打气，相互鼓励总好过互相质疑。

（28）我们有自己的立场，但不要强加给对方，因为对方那边的战况我们没有比他更了解，提出自己的见解，由甲方自己做判断。要相信甲方有辨别是非、高瞻远瞩的能力。

（29）清楚自己的底线，并坚持自己的底线，原则问题绝不妥协。

（30）细节上不可大意，设计的细节，配合的细节，比甲方想得多一点儿总没有错。

（31）跟甲方进行项目配合时，我们一定要梳理好思路，讲话行文条理清晰，重点明确，避免语无伦次说了东头补西头。简单粗暴的交接总好过漫无边际的闲扯。但汇报项目时除外，汇报是有技巧的。

（32）双方有争论的时候，就事论事，解决问题，不触及其他，不变着法儿的言语上进行人身攻击。说到这里，其实很多建筑师都很执拗，都有自己想法和见解，建筑师是一群特别有个性的群体，而在跟甲方过招的时候，要学会以柔克刚，无招胜有招。

（33）多用实例分析，从实例出发解决问题，用实例说服甲方。道理不是每个人都能听得进去，但活生生的例子，具体的经验与教训，就像把蔗糖转化成葡萄糖，甲方更容易吸收。

（34）主场时我们做好主人，客场时彬彬有礼，不要面面相觑，如果汇报或开会到中午，甲方客套地说，一起吃个饭吧，首先还是要谦让一下礼貌地回绝，因为在很多时候，说这句话不代表真的想一起吃饭。

（35）别忘记给他点赞，好的赞美，每个人都受用的。

（36）遇到不靠谱的甲方，比如有前科，比如习惯性拖欠设计费，比如毫无章法地违反设计周期者，便是好散好聚，不要迂回恋战，三十六计，走为上。我闪！总可以了吧？

32
手机

每天早上从坐在办公室那一刻起，甲方们便抄起了手中的电话。

打电话这项技能仿佛是甲方与生俱来的特长，每天早上从坐在办公室那一刻起，甲方们便抄起手中的电话，开始了一天的工作。当然，有一些特别勤奋的甲方是不打电话的，每天准时到设计院，跟设计师们一起上班，下班，俗称"在设计院蹲点儿"。蹲点儿这种方式，表达更直接，沟通更顺畅，据说湖心岛项目就是在蹲点儿的基础上完成的。

罗小姐在《舌尖上的甲方乙方》一文中写道：

"我们的祖国，幅员辽阔，地大物博，华夏大地上的甲方们，还是习惯用打电话这种原始而传统的方式，跟乙方配合项目。"

老黄的全名，黄国盛，设计院的人都叫他黄总。从周一到周五他都是第一个到办公室的，每天不到8：30就开始给设计院打电话了。

而在农耕芒种的交图季，设计院的上班时间通常在9：00，每日的通话，总是不那么顺利。从专业负责人，打到项目负责人，有时甚至要打到院长电话才有人听。跟设计院催图是件麻烦事，催早了，画不完容易崩盘；催晚了，会被老板骂。

　　但多年的催图经验已经让老黄明白'没有催不到的图纸，只有不努力的甲方'这句话。几乎所有的甲方都知道个中缘由："设计院喜欢拖图，缘于迟迟没有到位的设计费。"

　　……

　　甲方们的电话，仿佛是建筑师的噩梦，挥之不去，每每电话铃声一响，看着熟悉的名字在手机屏幕上闪烁震动，乙方们怨声载道，心有余悸。

　　大家都发现了吗？催图甲方们的手机都很高大上，永远是最新款的苹果手机，Iphone×一出，便会以最快的速度成为标配。但很神奇的是，越是层级高的甲方，手机越土，如果是终极大老板，开着开着会，突然掏出一部非智能手机，也不是什么新鲜事。

　　总监级别以下的甲方，通常喜欢追赶手机的更新大潮。大家不要理解错了，不是因为他们的瑟，而是因为这个级别的甲方打电话的时间最多，他们几乎每天都是在跟电话过日子，他们要善待自己，所以用高端手机。

　　曾经跟一位设计公司的同行聊过关于手机的问题，同行说，每当苹果出新款手机的时候，他总是火速入手，不为别的，就为在开会的时候，让自己觉得跟甲方是在同一个平台上的。唉！真难为他了。这个理由不能说它完全没有道理，但总觉得有点让人上牙膛发干。

　　话说，建筑师是应该拥有一部好的手机。因为手机在我们这里不仅仅是一个普通的通信工具，它更是一个让我们发现世界了解世界的窗口，也是最便捷的随身相机。我们把好的影像带回，再把美好的发现传播出去，都是靠一部小小的手机完成的。

　　曾经，我在为期近一个月的欧洲建筑旅行中，靠的就是一部Iphone来记录，记录影像，记录文字。像我这种丢三落四而且嫌重嫌麻烦的人，轻装上阵貌似是最佳的旅行方式。手机对我很重要，不是在意别人的眼光，而是自己真

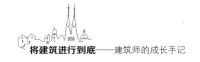

的需要它，才去拥有它。

而在工作中，常用的手机功能自然是那几样：电话、信息、拍照、录音、互联网、备忘录、闹钟等，都是常规的功能。但值得一提的是，截屏也是我常用的功能之一，很多重要的信息，都是通过截屏来存档的。

虽说，工欲善其事，必先利其器，但我们建筑师在选购手机的问题上，仍可以尊崇古罗马御用建筑师维特鲁威提出的建筑三要素——"坚固、实用、美观"，有这三点，就够了。

那天，好友问我："你手机里没装美图秀秀吗？你到底是不是女的啊？！"很遗憾，这些年来，没被拍过什么好看的照片，自己也很少自拍。美不美的，也就那么回事儿。

但手机对于工作来说，它便成了甲方之间、乙方之间、甲乙双方之间重要的沟通工具。每天早晨从八点开始，至晚上十二点，我的手机一定是畅通的，重要的时候，比如交标前夜的那种紧要关头，必须是二十四小时待命，稍微一个变故而没有及时到场，便有可能会导致全盘皆输。

在打电话的问题上，甲方们也有不能言说的秘密。

我的一个甲方有天跟我讲了一件趣事，他在蹲点儿一家设计院的时候，坐在建筑师身边盯着他改图，建筑师遇到不想接的电话，就会立刻把手机翻扣过来，来电便会自动挂掉。从此，我的这个甲方就有了心理阴影，只要是给别人打电话，别人没接，他脑海中便会自动脑补对方把手机翻扣过来的情形，非常有挫败感。

我安慰他说："你知道吗？现在的手机通讯录管理软件，可以选择性地屏蔽电话。比如，你一打电话给我，我便可以直接把你的手机号设置成'诈骗、快递、广告'等特殊性质，从此你便再也打不进来了。而且还可以投诉你哦！"

但是，后来有一次，我接到一个陌生号码的电话，"小罗，我是X总，明天来我办公室一趟。"我心中感叹，现在的骗子都舍得砸钱用这么好的手机号码了！刚设置举报成诈骗电话，电话那头继续说道："这回有关招商大润发的修改，我自己有一些想法，想跟你先沟通一下。"我猛然想起这个项目的甲方终极控股大老板姓×……

33
掘地三尺追设计费

大家配合了这么久，都不是一锤子的买卖，我们将心比心，以真心换真心。

　　我的工作内容涉及的方面很多，我不像大伙儿那么优秀，都术业有专攻。比如：他场地设计做得特别好；他最会画施工图了；他是投标专业户，只要有投标，都落在他脑袋上。我没有什么让人难忘的特长，我只是什么都干过。我干过项目前期，投过标，做过方案，做过施工图，当然，也追过设计费。

　　曾经有前辈感叹："你一个女孩子在设计院搞经营，还挺少见哦。"我连忙解释道："我……哪里会搞什么经营，我做最多的就是负责项目，并解决项目进程中出现的各种棘手问题，俗称打小怪兽型建筑师，只是偶尔客串接项目追设计费罢了。"

　　在项目的全过程中磨炼锤打，我经历过风和日丽，也体悟过世态炎凉。这么多年来，其实想清楚了一件事，当建筑师，画图其实是最令人心旷神怡的。心无杂念，闭关修炼，那种感觉真的好极了。

　　听着一首首美妙的曲子，安静地画着地下室。这种情景真的让我好怀念。唉！可惜这些年来，这种时候真的少得可怜。我没有机会关起门朝天过，我与许多人和事物发生了必然的联系，我虽酷爱独处，但现实不准，只好随时撸胳膊挽袖子准备战斗。

很多战斗是我们可以自己主导的，比如画图，比如专业配合，比如和甲方各种沟通暗战。但唯独追设计费这件事，对于建筑师来说真是一块心病，颇有一种蒸不熟煮不烂的难以下手之感。

我曾经做过这样的梦：我的甲方开了个海鲜大排档，我带人去收保护费，并告诉他以后这一片由我罩着。后来我被自己的行为吓醒了，醒来后怔了半天寻思，我不是应该收设计费吗？怎么生生变成了保护费？（看来对收账这件事，我每天真的想太多了。）

张爱玲说："生命是一袭华美的衣袍，爬满了虱子。"是啊，一个历经数年、耗费心血的设计项目，追设计费这件事情便成了这袍子上的虱子。袍子美丽与否另当别论，但虱子总会让人觉得有些不适，但我们还是要不遗余力地把它驱打下来。

一个项目设计费的支付分为好几个阶段，合同里都清楚地记录了每个设计阶段完结的内容有哪些，以及每个设计阶段完结后应支付的设计费用。白纸黑字大红章，写得清清楚楚，但追设计费却是一条漫长的旅途，而且这趟旅途并不是一马平川。

曾经跟一个大规模的设计公司老板聊过，他坦诚地说，截至那年的十二月，他司到账的设计费只有不到60%，其余的，还是在奋力地追讨中，不知道春节前还能进账多少。对于许多设计公司来说，画图，不是难事；管人，也不是什么难事；唯独追设计费这个问题上，大家十八般兵器，三十六般武艺，上天入地各显神通，掘地三尺地折腾，就是为了这一点儿我们设计公司赖以生存、得以可持续发展的设计费。

一部分设计公司，市场部包揽了这活儿；一部分设计公司，经营部涵盖了这活儿；还有一部分设计公司，把追设计费这项"体育赛事"直接外包了，委托给专门的"讨债公司"来处理这些江湖上说不清楚地恩怨与纠纷。也的确有那么一些甲方，总是在应该支付设计费的时候，出现了短暂地"人间蒸发"。

而这些年来，我一直跟我的亲们（甲方）保持着平等互利和谐友爱的关系，亲们一跟我追方案本文，我就跟亲们追设计费；亲们一跟我催报批图纸，我就跟亲们追设计费；亲们一跟我追扩初，我就跟亲们追设计费；亲们让我这个月要出施工图；我就跟亲们追定这75%！若亲说设计费不归他管，我便会十分温柔地告诉他，那还是让管付钱的跟我来追图吧。

任何的感情在相互僵持中，都会逐渐淹没，消磨了彼此的意志，我们互相试探的战线拉得太长，以至于连最初令人想入非非的小心跳都淹没在逐渐消失的电话和简讯里。面对有不良记录的甲方，他一跟我催图我就跟他追设计费，这件事貌似成了解决不了的死循环。

当然，大部分的甲方是诚实守信用的，大家配合很多年，很多事情都互相信任、互相体谅、互相支持。

比如，曾经有一个甲方的老板，某天在公司例会上提点底下的员工说："我昨天跟XX设计公司的X总喝咖啡，听说你们拖欠了人家设计费啦，回头赶紧给人家付喽。"那次，付费的速度真是秒速到账。

我们乙方的努力，甲方们其实都看得到。大家配合了这么久，都不是一锤子的买卖，我们将心比心，以真心换真心，精诚所至，金石为开嘛。

甲方老板晚上下飞机提议20：00开项目会议，我不能对他说：走开了啦！我们18：00就打烊了啦。在项目配合中，我一直在尽自己最大的努力。我毕业从普通设计人员画到项目负责人，从来不参与应酬邀约，但一个项目的设计费我能追到95%，靠的就是甲方的尊重，专业和敬业，如果非要一个理由，那就是我很珍惜我的今天，我走过的每一步都来之不易。（唉，又苦情了。）

千言万语，哽咽在心头，在追设计费的路上，我们各自珍重。

文章写到意兴阑珊之时，我想起了张爱玲著名的散文《爱》里的诗句：

"于千万人之中遇见你所遇见的人，于千万年之中，时间的无涯的荒野里，没有早一步，也没有晚一步，刚巧赶上了，那也没有别的话可说，唯有轻轻地问一声，这一笔设计费是不是可以开发票啦？！"

34
甲方的星座

狮子座、金牛座、处女座和天蝎座，大家要留个神哟。

我喜欢把我的甲方们分类，但分类的原则有点特殊。我不按照他们所效力的公司分，也不按照他们负责的业务类型分，甚至都不按照男女来分。我习惯用星座来把他们各自归堆儿区分出来。

天蝎座不是不能征服的，只要世界上还有金牛座；

处女座不是矫情无敌，只要世界上还有双鱼座；

狮子座不是占有欲第一，因为世界上还有奇葩无比的白羊座；

双子座不是一国两制双重性格，因为世界上还有舍己为人，口是心非，心里痛的抽筋儿、嘴上说不痛的天秤座；

至于巨蟹座，有爱心性格温和容易沟通善解人意，每到秋天还可以在避风塘炒了吃。

……

多年来，我的那些乱七八糟的小思想小情绪，小火慢炖，竟然也貌似熬出了点小干货。在我所配合过的甲方当中，有四个星座的甲方需要特别地注意，他们通常不鸣则已一鸣惊人，杀伤力爆表，攻击指数由小到大依次为：狮子座、金牛座、处女座和天蝎座。

狮子座（杀伤力：二星）

狮子座可谓是智慧与美貌并重，英雄与侠义的化身（他们自己说的）。但在我看来，狮子座的美貌，怎么也不敌天秤，天秤座完全就是男神星座。但说到英雄与侠义，狮子座们并没有自夸。

狮子座强势而不冷血，热情而不滥情。关键时刻，如果必须有一个人来牺牲拯救全人类的话，那个勇士一定是狮子座的。（话说，臭美的天秤座就算大兵压境了，一定还都在对着镜子梳头呢。）

甲方队伍中，狮子座做到高层的很多，甲方的终极大老板，十个至少八个是狮子座的，狮子座的人雷厉风行，运筹帷幄决胜千里，颇有大将风范。狮子座的甲方从不斤斤计较，设计费说多少就多少，从不砍价打折，视野广，格局大。我本人也很喜欢跟狮子座的甲方配合一起做项目，干净利落，不互相揣度，感觉永远有人罩着我。

金牛座（杀伤力：三星）

金牛座的甲方最执着，执着得有些过了火。他们想什么时候要图，就一定不遗余力地去追啊追；他们希望这个流线是什么样，就一直坚持到说服你为止，如果说服不了，他们就绕过你直接这么办了。

金牛座的甲方目的性很明确，知道便是知道，不知道便是不知道，不迂回，不欲擒故纵，不欲说还休。开会的时候，甚至连一句废话都没有，直奔主题，发表意见。行就行！不行也得行！若是试图与他们争论什么，或者想跟金牛来个赤膊上阵终极对决，那真是自取灭亡。

自古华山一条道，只能智取，不能强攻。大多数的金牛座在决绝的外表之下，都有一颗铁汉柔情的心。"嗲、甜、贱"虽艳俗，但对付金牛真的好使，以柔克刚，在金牛座这边儿真是无往不利。这情形让我想起了周公子接的那部神剧《女人撒娇最好命》。

只是"嗲、甜、贱"我真的玩不来，我就像电影里周公子饰演的撒娇绝缘体一样，完全就是个爷们啊。"唉哟"不起来，常常无功而返。

处女座（杀伤力：四星）

处女座的甲方攻击指数并不高，但杀伤力极大。我一直觉得《大话西游》里的唐僧一定是处女座。处女座的甲方非常的细心，每一次的往来文件，会一个字一个字地校对；每一张图纸也会细致无比地校核；如果遭遇数据之类的东西，他们会先用手算一遍，再在Excel里算一遍，然后计算器再核一遍。如果有算盘的话，恨不得再像账房先生那样噼里啪啦地折腾一番才罢休。换句话来说，处女座其实是最适合当甲方的星座。

处女座其实没有那么多怪癖，只是他们经常强迫别人，然后以加倍的强度来强迫自己。有人说，处女座都是对别人要求高，对自己要求无下限。而我接触过的处女座甲方，对别人狠，对自己更狠。严于待人，严于律己，时时刻刻不放松警惕。

当我们面对处女座甲方时，唯一的办法就是比他更细致，比他更精益求精。在他们还没说话之前，把所有的可能性都想到，用尽量全面的思维来武装自己。

以前很流行一个叫"找你妹"的游戏，我一直觉得这个游戏是为处女座量身定做的。曾经我有个处女座的甲方，在候机的间隙玩"找你妹"玩得心花怒放欲罢不能。当然，还可以没事多练练用筷子在黄豆里面挑绿豆，是不错的方法哟。为了处女座的甲方，我们拼了！

天蝎座（杀伤力：五星）

天蝎座稳居第一，毋庸置疑。之所以排名第一，是因为跟天蝎座的甲方配合时，你永远猜不透他们到底在想什么？他永远话里有话，弦外有音，目光深邃而悠远。如果他嘴里说出来有一，他的内心世界估计想到的有十那么多。你看到是冰山的一角，是萝卜露出地面的那节萝卜缨子。

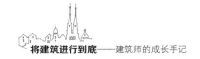

天蝎座，表面多高冷，不深入接触很难感受到他的古道热肠，如果你遇到一个天蝎座暖男，那他一定是伪天蝎，可以研究一下他的上升星座是不是巨蟹？天蝎座面无表情，但心内火热，话里有话，刀子嘴豆腐心。

天蝎座的甲方有他的软肋，正如很多武林高手都有他难以被人察觉的弱点。天蝎座，不怕你跟他讲道理，不怕你跟他拍桌子，不怕嗲，不怕哭，不怕闹。但是！请记住！天蝎怕沉默，天蝎怕无声。天蝎本身就是一个冷战爱好者，跟他急，基本没用。只有一招可以克敌，他冷，你更冷；他安静无声，你直接真空。凡事，你不急，他才有可能急；你不回复，他便追着你回复。（嘘，低调领悟即可，勿要声张。）

其实每个星座的甲方，都有他们的特点及共性。上个月，公司接了一个新项目，跟甲方老板汇报方案时，他无意间说刚过了生日，我掐指一算，像发现了新大陆一样惊呼："你是双鱼座！"我心里颤抖地寻思：双鱼座，双鱼座，天呐……双鱼座耶。

35

甲方过去式

终极大老板的前身总是那么的扑朔迷离。

每一个甲方都有自己的过去，而且甲方们的过去总是那么出人意料别出心裁。

在建筑行业，绝大多数的设计人员，都是科班出身，或是准科班出身，履历单调的实在没什么可以言说。而甲方队伍就不同了，他们的"前科"玩得很嗨。

你无法想象，那些在我们面前正襟危坐、衣冠楚楚、沉稳谦和，谈起设计、谈起工程、谈起开发头头是道的中年大肚男，曾经是毛纺厂的厂长、火锅店的老板、肉食加工厂的书记、手下几百人的包工头，抑或某知名声色场所的大股东。

而如今，他们成了我们的甲方，并且，还不是普通的甲方，而是整个项目的终极大老板。

甲方Y，他大学时读的是工民建专业，他曾是个趴着画图的屌丝，后来成了一级注册结构师、一级注册建筑师，再后来在某设计院当上了所长。当了几年所长之后，洗尽铅华当了一名大学老师，近几年，被挖出来投身地产（听着有点儿像出土文物哈）。

从人类灵魂工程师走入地产之后，他从最普通的项目建筑师做起。当时甲方的设计部是小年轻们当道，全都二十郎当岁，年纪稍微大一点的也就三十出头。一个已过不惑之年、头发花白的男人在设计部是非常醒目的，忙前忙后，一丝不苟。

他不愧是当过老师的人，在其所在领域勤于钻研，他自我研发了一套Excel格式的任务书，条理十分清晰，让我这种看惯了普通任务书的人顿时眼前发亮，心中暗想：咦？这样也可以？

这种形式的任务书被其所在的设计部沿用至今，而我也受用至今。无论多么冥顽不灵毫无章法不知所云的诡异项目，我现在都可以按照他的方法整理出Excel通俗易懂版（说人话版）。做项目，起码得让自己明白到底要干些什么吧？

他只与我配合过一个项目，然后人家就升职了。我从没见过在地产公司升职升得这么快的人，那真是每三个月就是一个新台阶。如今，他已然是一家知名房地产公司的区域总经理。

甲方Q，跟他配合第一个项目时，项目的结尾是以他跟别人拆伙儿而告终。好吧，或者说无疾而终。很多民间的开发商，非常喜欢合伙来投一个项目，你占60%，他占20%，其他路人甲什么的再占几个5%。

拆伙后，甲方Q开始了单干的跋涉之路。而在他后来搞的几个项目里，我们有机会一直得以持续地配合。甲方Q的地产公司不大，二十来个人，但个个都是精英，我一直疑惑很多私人开发商不知道在哪儿招了那么一帮人，非常能干，很拼，项目推进大刀阔斧，做事利落绝对不拖，跟传统甲方完全不是一个做派。

甲方Q特别喜欢跟建筑师讨论技术上的问题，还自己动手画草图，各种规范门儿清，我有点儿蒙，这是什么路数？他在跟我们开会的时候，经常像被建筑师灵魂附体一样，拿着一本防火规范跟我一起讨论防火分隔什么的（真是不解，哪有老板还专门研究这个啊？）谈得不亦乐乎，津津乐道。通常终极大老板只管大方向，不纠那么细的，我心里嘀咕：这个老板有点萌。

后来，我才知道，他从前也是学工民建专业的，那时候的学工民建应该就算科班出身了吧。毕业后十多年，一直在做设计，后来他成了一名一级注册建筑师（说明曾经是技术型），设计院的所长（说明曾经搞过经营），但他于上个世纪末毅然下海，丢掉尺规当土豪，眯起眼睛抽雪茄，当了大佬。其实每次看他抽雪茄的样子，目光迷离却坚定，仿佛可以真的窥探到他这二十几年的风雨来时路。

有一部分建筑师曾经独立或者跟别人合伙搞开发，有的成功了，有的撤资了，玩不玩的到最后，因素很多。他绝对不是第一个吃螃蟹的人，但他算是下海大潮中转型坚决彻底并且成功了的人。因为他，我有了第一个五星级酒店。

当然，我接触的甲方中50%以上是设计院出身，或者可以更直白地讲，是设计院的建筑师出身。这部分甲方或长或短地有着属于自己的设计院经历，只是在人生中的某一时刻，毅然地绝尘而去，投身甲方的怀抱。

这类甲方在项目配合中，还是时常会流露出"还是做设计好，还是当建筑师轻松"的感慨。但感慨归感慨，他们之中几乎没有人回炉，用他们的话说，一入豪门深似海，回头再回设计公司，是不可能了。

他们其中的一部分人，在成为甲方之后，真的就如鱼得水了，他们发现自己本身就有甲方的基因，身体里流的是"天生甲方必有用"的血液。然后扶云直上，在所在的部门成为骨干、先锋、优秀员工，升职加薪，走上人生巅峰。

而他们其中的另一部分人，在甲方的队伍中，始终不得志，各种办公室政治折腾得让人筋疲力尽，眼看着水平不如自己但十分受宠的小年轻成了自己的领导，一声叹息。还有一小撮儿人，在当了几年甲方后辗辘个来回，又折回设计院，但这种现象非常的少，仅限于个案。业界万象，世间百态，个中滋味，冷暖自知吧。

但咱建筑行业有个有趣的现象，设计院出身的甲方，通常当不了终极大老板。终极大老板的前身总是扑朔迷离，英雄主义色彩高调弥漫并夹杂着各种传奇。

甲方的庞大队伍中，藏龙卧虎，要是哪天，我做到了浩南哥的项目，一定不要大惊小怪，谁说古惑仔不能把洪兴发扬光大呢？

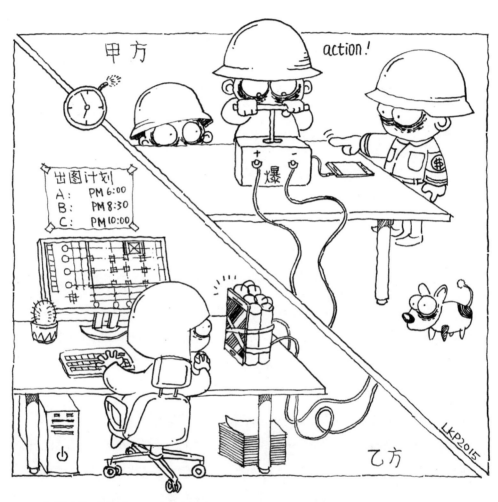

每天早上从坐在办公室那一刻起,甲方们便抄起了手中的电话。

| 罗小姐·小事记D |

■ 项目中期汇报，会前，甲方两位女高管兴致勃勃，女一："听说××广场新开个爱马仕专卖店，要不要去逛？"女二："才不去，谁在国内买啊？"然后，俩人再用眼角余光轻蔑地瞟了瞟我的优衣库羽绒服。看来，这个穿优衣库的姑娘可以跟她们深入探讨一下纽约、东京、里昂、香港、伦敦各地爱马仕·凯莉包的价格走势及爱马仕今年秋冬的流行趋势。（做建筑师真得练就十项全能，什么话题都能开聊啊。）

■ 今晨醒来，我翻然悔悟，我不能把有限的生命浪费无限的户型调整中，有更有意义的事情等着我去做。于是，我升级了全球通的话费套餐，开始对年终设计费的尾款进行最后追讨。

■ 两年前，一个雨天的早晨，我站在伦敦圣保罗大教堂的台阶上，刚要进去，门口立一牌子：门票14.5英镑。思前想后，我竟然觉得太贵没进去。在此后的几百天里，每每想到此事，都懊悔不已。当我在电影巨幕前看到007站在房顶鸟瞰圣保罗大教堂之后，我果断于第二天拿起电话追设计费尾款。

■ 四十八小时里，给一个男人打了四次移动电话，关机；打了五次办公室电话，没人听。霎时间，心头翻涌起失恋的错觉。以我十年仁爱路的经验，如

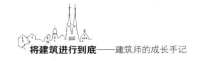

果这个男人一直消失到本周五，我就要登门谈人生聊理想了。（掘地三尺追设计费尾款。）

■ 作为一个久经考验的乙方，每次项目的前期跟进，会为每个业主量身定做建筑设计方案，对待自己还不大清楚要什么风格的业主，女仆风、护士风、学生风，一一试之，总能堵着一种。

■ 你每天都想着一个人，你明明就讨厌他，可是又偏偏想要见到他，你见到他后整个人的神经都绷紧了，可是你要听见他和别人在一起，心里就有说不出的难受，他说你很烦的时候，你就很想哭，你不知道这是怎么了。（这还用问？他一定是拖欠你设计费了！）

■ 那年我投了一民企地产巨头，应聘项目建筑师，面试顺利催我尽快上岗，而我那时有点想继续做设计，婉拒了。次年，我接到该集团人力资源的电话，要我去做设计部经理，而我当时做方案做的正嗨，又婉拒。第三年，我又神奇般的接到人力资源的电话，这次力邀我出任副总建筑师。我至今也没弄懂，为何不上班还能连升三级？

■ 手捧一大束金灿灿的向日葵走进办公室，每个人都对我面露笑意，终于有人忍不住羡慕地问我："罗工，今天你生日啊？"我十分无奈地解释："哪里哪里，甲方老板住院了。"

■ 某男，海龟，离异，育有一子已成年，独立经营某建筑事务所。我与他竞标一次，长相一般，水平一般，林林总总都一般，整个项目跟进过程中，其他几家都很积极，只有他不紧不慢神游一般。两个月后，投标结束，他没中。但！他用两个月的时间拿下了房产事业部最漂亮的姑娘和五万元标底费！

■　夜深人静和YY在中大院里溜达，我看到了个耳熟的名字：QQ工作室。我跟YY说："QQ是L老师的同学。"YY说："他是我乙方！"我又说："QQ也是W大师的同学。"YY说："他是我乙方！"在YY的字典里，人可以分为两类：乙方和非乙方。

■　给甲方汇报，幻想着基建办主任是何模样？远处一位亭亭少女袅袅向我飘来。我一惊，好生佳人。汇报结束，推杯换盏，姑娘2010年大学毕业，现为该项目基建办主任，我俩相见恨晚，姑娘科班出身，业务能力远大于毕业年限，我敬佩不已。众多甲方中，鲜见才色俱佳的业务达人。

■　早晨，睁眼，开手机，收到三条短信，每条近二百字，我立马精神了！我也算得上是很爱发短信的吧？深知如果有一人发六百字的短信给你，就不好玩了，而这人，恰巧是……甲方！问题有点严重！一上班，马上召集相关人员来落实甲方精神。

■　周五，甲方打电话通知，下周一下午出图，这就意味着，意味着，意味着……我又将度过一个温柔缱绻、缠绵悱恻、挥汗如雨、激情四射的大周末！

■　项目汇报完毕，甲方老板说："小姑娘，喝茶。"俩同事在一旁表情如便秘，出电梯俩人忍不住念叨："有三十岁的小姑娘吗？！"（哼哼，我也有X一样的队友。）

■　怀着激动的心情关掉电脑，结束了一周的工作，下班前跟项目组的每个人握手道别，这将是我的整个团队两个月以来第一个完整的大周末。走在回家的路上，手机铃声响彻耳畔，甲方："我觉得……应该再补充两张效果

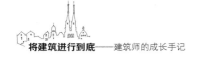
图……"

■ 我的甲方因为招商，真的要作下病了！工作邮箱的签名档：XX广场全球招商！微信签名档：XX广场全球招商！朋友圈里的全部内容都是国内外各种业态的最新流行趋势及动向。看到我第一句开场白，就是："路易·威登要求我们每平方米贴补装修费2500元，古驰要补2000元，优衣库补1000元，盖璞1000元……"（全面开启祥林嫂模式）

■ 从前做了一个项目，那个甲方项目经理特别爱炒股，每次谈完正事，都要谈一谈股票，我虽然对股票无感，但还是"啊、哦、咦、是嘛"的迎合着。一天，他十分认真地对我说："我给你介绍一只股票××××。"半年过后，这个项目意外地黄掉了，他介绍的那只股票，翻倍了。

■ 方案汇报之前，甲方老板亲切地对入座各部门领导介绍："这位是建筑师罗小姐。"我当场就惊呆了！

第五章

女建筑师的全盛时代

姓　　名: L小姐

爱　　好: 写作、旅行、看电影

缺　　点: 喜欢睡觉，在床上吃东西，想法太多不
　　　　　知节制。

优　　点: 对生活永远充满着希望。

有的人注定成不了大师，但建筑的点滴早已渗入她的血液里。

36
建筑系女生的生存手记

突然想写一封信，给我最亲爱的你，看你不畏惧，一股傻劲，有时候多不忍心。

南国的窗外，大雨滂沱。

此时的北京，雨过天晴，阳光万丈。

世界上真的有这样一个城市，它博大、宽容，有恢宏的宫殿，有好吃的食物，有珍贵的友谊，有我数不清的朋友，也曾有一个身高158cm的女生，骑着自行车绕着二环刷圈……

这，便是北京。

我出生在沈阳，吃着老边饺子、马家烧麦长大，从重点小学、重点中学，煞有介事的就像一直传说中的"别人家的孩子"，一路毫无牵绊地茁壮成长。

2001年前的夏天，我，来到了北京。

那时候，沈阳到北京没有高铁，坐T开头的火车需要九个小时。我一年回家四五次，五年大学积攒了五十张往返沈阳和北京的火车票。每次启程，我从沈阳北站，一路经过锦州、朝阳、山海关、唐山，最后到达北京站。

那是一个更大的天地，可以带给你一个更广阔的未来。

我选择了建筑学专业，我进入了一个色彩斑斓的艺术世界。

建筑系的学生都是很活跃的，一到周末，我们就会一起行动压马路，从白石桥，绕到甘家口建筑书店；或是一路北上，买模型材料。

每到课程期末，快交图的时候，全班同学，都会在专业教室"同居"一个星期，专业教室里吃，专业教室里睡，画图累了，男生就打CS，女生就看美剧。

那时候，我们班的熬夜达人是FF，她可以连续三天不回宿舍，在专业教室里画图，只画图不睡觉不娱乐那种，惊为天人。这种强大的毅力使她成为我们班目前唯一的女博士。

班里两对强大的情侣档，他们在各种作业进行到最后的时候，凸现出我们"万年单"无法超越的必杀绝技，互相支援，双剑合璧。当然，最后情侣档成功晋级，成为国家法定的夫妻档。

YY是班里的纠结控，白羊座，通常她的作业都最后一个交，直到交图前一周都是白板一张无从下笔。

我们班长是苏州人，他的特长是做饭和修电脑。听说，刚上大一的时候，还给宿舍的同学缝被子。而在大学的后半段儿，他变成准职场炒更达人，同学中赚钱最多的是他，作业完成最快的也是他。

N是我们班最像小女生的小女生，她从土木系转来建筑系，画得一手好漫画，每到交图的最后阶段，总是纠结着，哎呀，今天的裙子好像和鞋子不大配哈，然后想着想着，又俯身画图去了。

学生时代的我们最热衷于混迹各种论坛听讲座，那时候，北京的建筑讲座还很少，高端点的论坛，根本就不让学生进去。

我们宿舍八个女生想了一个办法，好吧，是馊主意。印了一百张名片，咱们有名片了，就不像学生了吧？（好天真啊）。这名片上得有个公司呀，叫什么呢？后来，经过举手表决，最终把我们宿舍的公司名称确定为：NMD（泥马的建筑事务所）。

无忧无虑的时光总是短暂而难忘，毕业前那会儿，我度过了最无助的三个月，我搬出了学校，自己租了间房子。前途未卜，心情也自然非常糟糕，神情暗淡。

YY经常来陪伴我，我们睡一张床，共用一支口红。一到晚上，她穿着红色吊带睡衣在我的床上边跳边哼着英文歌的，现在想起来，这场面真艳情。

独居的生活，有了YY的陪伴，日子显得活色生香。

一天晚上，我和YY被大雨困在某写字楼下，我们索性就坐在台阶上，静静地看着建筑的雨篷自然形成的一道雨中屏障，透明的雨篷，透明的雨滴，我们当时透明的心情。想着一帘幽梦应该就是这样吧，茫茫人海谁与共呢？

已经是晚上十一点钟了，一个刚加完班的白领目光迷离地从电梯里出来。同样困在雨中，他看到我们，也像我们一样坐在台阶上，他打开电脑，继续加班，相当敬业。一会儿又出来一个……人越来越多。北京夏天的凌晨，二十几个人坐满了踏步，谁也不作声，在同一屋檐下，做着自己的事，演绎着自己的夜晚。

女生们的友谊很简单，我们一起去吃五道口的面，晚上一起逛夜市，一起在星巴克呆坐。

我们半夜三更去刚投产的某大厦考察，正门守卫森严进不去，我们就从地下车道进去，然后坐着消防电梯登顶。我们在顶楼的空中花园尽情地撒欢儿，夜色中，用只有300万像素的相机互相拍着照片。我们一层一层地逛着这座深夜只属于两个建筑系女生的办公建筑，旁若无人。

夜色正阑珊，两个女生就这样站在帝都的天台上，畅想着美好的未来。

2006年6月24日，北京，后海。世界杯决赛。

那天我穿了一条白底红花的裙子，像个不折不扣的蜘蛛侠。

我跟着YY走在后海的小街上，酒吧看戏。

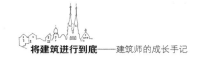

意大利对阵法国，那场可以载入史册的经典之戏，齐达内用头撞人，赛后，退役。

解说黄健翔咆哮了黄金一分钟。

当一个人从待了多年的地方辗转到另一个地方，始终有很多难以释怀。选择离开北京，决定是有些仓促的。但既然选择了远方，就当风雨兼程。

我努力地工作，努力地求生，我努力让自己过得更好，从未放弃。

时光荏苒，现在的YY已然是南京知名地产女高管一枚，而我仍旧坚持在设计这条道儿上努力地匍匐前进着。

十年的光阴并未改变我们的初心。

春天，我在南京，跟YY在中大院里面溜达，这校园不是我们的校园，城市也不再是我们的城市，我们就这样有一搭没一搭地讲着这些年彼此的故事。在我们头顶上，夜晚的天空中仿佛有一道光，照亮了我们来时的路。

建筑系的女生们是这样一群人，不遗余力地寻觅生命中的美好，努力地工作，用心地经营自己的生活，追求自己的幸福，我们都试图找到那个更好的自己。

一路艰难，终究会有美好做伴.

眯着眼，不只看到从前。

突然想写一封信，

给我最亲爱的你，

看你不畏惧，一股傻劲，

有时候多不忍心……

37

爱情AB剧

爱情不是面包，爱情是心跳。

爱情是什么？

爱情不是面包，爱情是心跳；

爱情是夜寐中梦中人给予的缠绵；

爱情是落日时分心上人一回眸的微笑。

下面故事里的女子，也许是你，也许是我，也许是我们每一个女建筑师的曾经。

首先，一个真命题必须成立：我们相信爱情，我们在爱情中成长，变得强大。

A小姐是建筑学科班出身的一个姑娘，在某个时期里和我走得很近，有多近呢？睡一张床。遇到A小姐的原因很简单，我跟她一起实习，那个夏天，她考上了研究生，而我，大学四年级。

让A小姐千里迢迢的从羊城跑到帝都的原因只有一个，她的前任以毕业为由和她分手了，她想知道这是为什么？（其实爱情这东西，最怕深究为什么，

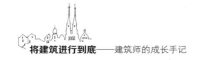

所有的分别都有原因，只是方不方便言说。唉，太轴！）她来北京寻他唯一的线索是：据说，前任毕业后签约了我们实习的这家设计院。

爱情里的意外从来就不是什么意外。当她终于不远万里来到北京这家设计院之后，掘地三尺也未寻到一丝前任的踪迹。原来，前任根本不在这家设计院上班，很明显，他，欺骗了她。

A小姐的手绘功底非常深厚，设计的意向都可以通过简单的钢笔线条勾勒出来，而且她手把手教会了我她最擅长的马克笔树阵。

爱情的小挫折并没有阻止A小姐继续向真爱进发的脚步，一个山头打不下来，咱们冲下一个山头。A小姐注册了一个"高学历交友网"，这个网站顾名思义，里面的会员都是硕士及以上学历，网站的宗旨就是帮助高学历并且未婚的男女青年找对象。

很快，美丽的A小姐在网站上邂逅了一个IT男，两人约在某餐厅见面。相亲那天，我以"灯泡+保镖"的身份陪同出席，一是保护A小姐，有个接应（可以脑补一下，如果男主角比较不如人意，及时打电话解救等电视剧情节）；二是，也帮她把把关，当局者迷，有个人在旁边给些不痛不痒的建议总是好些。

IT男长相朴实，人很老实，文质彬彬，不太会说话，但处处都迁就A小姐。散场后，我并没有发表什么个人意见，因为实在看不出有什么大破绽，慢慢相处慢慢了解呗，也就是俩人随缘吧。

几个月后，A小姐结束了实习，回到羊城。而他们的异地恋正式开始了。之后，我和A小姐偶尔有联系，各自在自己的城市打拼着。

三年后，A小姐研究生毕业，成了一名建筑学硕士。她顺理成章地为了爱情来到北京工作。这期间我没有再问过她的感情生活。直到有一天，我突然接到她的电话，她在电话的那头一直哭，跟我讲了一个让我至今心有余悸的事实。

她告诉我现在她的胳膊、身上都有伤。我问她是怎么回事？A小姐小心地对我说，IT男有暴力倾向，稍有不顺心，就动手……动手后，就去她设计院门口堵她，给她道歉，然后又动手，又道歉……她几近崩溃。

我在几千公里之外，拿着电话呆坐一团。我喜欢的姑娘们在爱情中受到伤害，我会难过，特别是肉体上的伤害。

这些年来，我很难想象她经历了什么样的人生，而她的故事讲得触目惊心，令人感同身受。一场糟糕的爱情，会把一个年轻貌美高学历良好家境的姑娘推向无底的深渊。我好想拥抱她，告诉她不要怕，离开那个人，一切都会重新开始。

B小姐研究生毕业后，进入北京一家航母级大院工作。因为人长得美，她的到来，院里未婚男青年们奔走相告，跃跃欲试。

一件意外的事情发生了，美丽的B小姐竟然被一个名不见经传的电气男成功拿下。

B小姐说，她在结识电气男之时，刚刚结束了一段失败的恋情。认识电气男虽然只有两个星期，但是俩人如胶似漆相见恨晚。于是，在一个风和日丽（也许是风雨交加）的上午，领证了！此时，双方父母都不知情。

电气男在认识B小姐之前，买了个房子，付了首付。于是B小姐在婚后，开始主动请缨，为电气男还贷。

出于对B小姐的了解，对于她闪婚这件事，我并不太意外。她向来敢爱敢恨，是爱情中的女战士，一直在努力地追求着自己的幸福。

但是有一天，她给我打电话，内容真的把我惊着了。她说，她被电气男赶出了家门，我问为什么，她说，结婚以后，电气男的妈跟他们一起住，B小姐个性也很强，婆媳不合，相处得不太好，渐渐到了"有你没我，有我没你"的惨烈地步。柔弱而善解人意的电气男最终选择了站在母亲这一边。于是B小姐在领证一年之后，婚姻苟延残喘，危在旦夕。

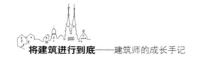

　　我长叹了一口气，婆媳问题是千古难题，连古代的皇上都拎不清，更别说我们平凡人。B小姐说，我什么都不要，我现在就想回这个家，她几次上门想复合，都被强势的婆婆拒之门外。无奈，B小姐只能同意离婚，调到上海分公司工作去了。

　　我认识B小姐很多年，80后，独生子女，家庭环境优越，从小受良好的教育，很有主见，画得一手好图，长得漂亮，性格开朗，兴趣广泛，对生活有着自己的追求，是个典型的建筑系美好女生。

大家不是想看反转剧吗？

　　好的，A小姐和B小姐是同一个人。

　　对不起，吓着大家了。

　　爱情有风险，入市需谨慎。

38
性别保卫战

敷着面膜画着图，吃着火锅唱着歌。

我刚出道的时候，所在的团队里洋溢着这样一种情境：所里四十个人，女性约占四分之一。其中，建筑设计人员有二十人，女性只有两名；而这二十人中，又分方案组和施工图组。方案组女性数目为零，施工图组女性两名，当然，那时的我就是两名之一，党代表。（不好意思，有点啰唆，好像说了一道声东击西的数学题。）

方案组是令人向往的，由清一色的未婚未育青年男性壮丁组成，加班力超强，战斗值爆表。每天晚上六点一过，统一订餐，大家一起加班，精力旺盛，干得热火朝天，至少要十点才肯收工。你若是七点多先拜拜了，都不好意思跟别人打招呼。每当夜幕降临，便上演着一片欣欣向荣的加班盛况，秒杀一切歌舞升平。

不是因为所长有偏见，是多年的经验告诉他，做建筑，大多数女同胞的战斗力的确不如男性，女人"事儿"太多，工作几年总得结婚吧？结了婚总得要生娃吧？工作很难全情投入，不是家庭就是孩子，怎么能做方案？更别说投标这种需要考验毅力、智力、体力的工种。

没错，在我们建筑行业，很多企业在招人的时候，会事先提出了一些"优

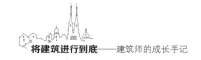

先条款"，比如我毕业那会儿吧，"京硕男"这三字咒语仿佛是姑娘们的噩梦，此三个条件都具备的毕业生，或者至少具备其中两条，最容易找到理想的工作。

"京硕男"，顾名思义，北京籍、硕士、男生。

北京籍，也就是家在北京，说得更直白一点儿吧，就是爸爸妈妈爷爷奶奶姥姥姥爷七姑八姨甚至家中大黄等一切社会关系都在北京。每逢过年过节，这类新人总能战斗到最后，不会腊月还没到就着急买火车票，正月十五了，有的还没返岗。

硕士，这是在北京找到好工作的标配。十年前我毕业的时候，硕士学历已经是很多大型设计公司的门槛了（那时候大家还不兴去地产），你若不是硕士，人家根本不跟你谈。那时候况且如此，更别说现在了，想在北京混得好，硕士最好还是要整一个，至于什么时候念，念个什么专业的硕士，因人而异。

男生，就是雄性。先抛开行业类别不谈，有很多公司的招聘启事中都隐晦地提及"男生优先"。在人们世俗的眼光里，女性工作的积极性不如男性；大多数女性没有养家糊口的压力；女性承受高强度工作的能力也较差；女性不能经常出差，或者一派就派到异地一两年；大多数女性在毕业后（尤其是研究生）没几年就要结婚生娃，而在男权社会中，人们通常的理解是：女性在生娃之后至少有长达五年的时间会扑在家庭上，以家庭为重，甚至更久。所以，在大多数用人单位的眼里，虽然不能保证招男性一定比女性好，但至少当壮丁的话还是选择雄性生物靠谱些。

呜呼！多么赤裸裸活生生的现实啊！

在走出校园之后，建筑系的女生在寻求第一份工作时，通常会遇到意想不到的瓶颈。姑娘们面临的第一个棘手的问题是：同样的条件投简历，男生们可以收到录取通知书，而我们却连一个面试的机会都没有。

我们在简历的关键位置上写道：我们要工作！我们会努力地工作！我们会跟爷们一样努力地工作！

我们拿着自己的作品集，在建筑设计公司密集的写字楼里像个推销员一样地毯式投简历。我们奔走相告，我们能吃苦、能加班，我们会像男人一样勇挑重担。我们围追堵截设计公司的老板，企盼他看我们一眼，我们不是每天只知道买衣服买鞋子买包包聊闲天儿谈恋爱，您可以模糊我们的性别，我们一样可以坐在电脑前十几个小时苦干一天，我们需要一份工作。

我因为名字过于男性化，得到了比其他女同学更多的面试机会。但是，每当我走进面试现场的那一刻，所遭遇的第一句话往往是："咦？你竟然是个女生？我以为是男生。"面试官说得如此直白，而我当时的内心戏大多是：难道人力资源都不看照片？不看性别那一栏吗？还是我的照片太……哎呀，不忍深想。（不要奇怪，我总是有许多内心戏，如果把我的内心戏都演出来，估计对面的那位鼻子都得气歪。）

在我们锲而不舍地坚持下，大多数姑娘赢得了跟男人们同台竞技并肩作战的机会，我们满腔热情地投入工作，我们刚出校门什么也不懂，只知道傻傻地昏天黑地画呀画。

我们出道时什么都不懂，情商为负，我们有时会说错话，做错事，我们望着比我们年长十年二十年的女性前辈们，向往不已，心想：我们什么时候能成为她们？我们什么时候能真正去独当一面？

我们努力地成长，期盼着有一天能成为一名真正意义上的女建筑师。我们经历了一年、两年、五年、十年……在漫长的岁月里，一部分的我们，投身了地产；一部分的我们，成了全职太太；一部分的我们，投奔高校，当了人类灵魂的工程师……但，仍旧有一小撮儿我们，坚持了下来。

我们顶着传说中女建筑师"健硕"的光环，身经了百战，虽说水平一般般，但在实战中修炼得金刚不坏，坚毅而果敢。**我们成为男人堆儿里的花木**

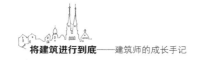
兰，黑衣男中的一抹耀眼小红裙。

"小红裙"的概念真是想象出来的，现实中的我们过得昏天黑地，根本谈不上光鲜。人家姑娘在闲情逸致地逛街，我们在画图；人家姑娘在放松身心美容SPA，我们在画图；人家姑娘在你侬我侬卿卿我我地约会，我们在画图。

我们也会偶尔出席一下高大上的聚餐，城中五光十色的酒会，在各种社交活动中，我们从来不为穿什么而发愁，因为拉开衣柜，立刻眼前一黑（全都是黑！黑！黑！黑！）。怎样搭配都不会错，再配上一双色彩跳跃的红鞋子，齐活儿，一切仿佛完美。

如果皮肤很差的话，睡个完整的觉立刻便会容光焕发。

敷着面膜画着图，吃着火锅唱着歌。

我们孤独而执拗，在捍卫女性尊严的同时努力地保持着仙气。在光鲜外表的掩饰之下，没有人知道我们在坚持不住的时刻咬了多少次嘴唇，在寂静无人的深夜暗暗流下多少温润的眼泪。

如果你在某个角落偶然遇到一个惴惴不安却笔直站立的女建筑师，请你一定要对她心怀敬意。我们没有比男人更大的力气，但真的拥有一颗强大而坚定的心。

39
优质女建筑师

我把那些精神饱满容光焕发的女建筑师叫作优质女建筑师

我时常用"优质"二字来形容水果，我把那些绿色生态、外表光鲜、色香味俱全、好吃的瓜果梨桃称为优质的水果。而在这里，我试着把那些精神饱满容光焕发的女建筑师叫作优质女建筑师。

我，中性肤质，只是总体感官上大家认为白皙透亮，但近看不得，T区也会泛油光，手一抹，也许都能直接用来炒菜了。很不好意思地说，我很少去美容，主要是没那闲工夫，不是找借口，我真没时间，或者我觉得至少目前不值得把时间花在美容院里。再说，我也不大喜欢美容院的味道。

我是肉食动物，无肉不欢，最喜欢吃的东西就是猪蹄儿，时常一个人在店里点上一只完整的猪蹄，抱着啃，在周围人异样的眼光中大快朵颐。但旁人的眼光异样归异样，他们总是见我忘乎所以十分享受地进食之后，对服务员说："她吃的啥？这桌也上一盘。"嘿！我就是在不经意间，（用吃相）感动了很多人。

虽然经常被人夸皮肤好（咦？好像甲方跟我催图的时候常这么说），但为了修炼成色香味俱全的女建筑师，我仍在不遗余力地努力。前行的路上，也领悟出了一些小经验，在此跟大家分享一下。

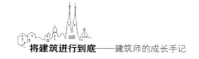

保持愉快的心情

我不是营养学家，不能妄下判断告诉大家：吃猪蹄儿养皮肤（我没有跟猪蹄儿过不去）。因为如果是定期测"大生化"的养生爱好者，会告诉我，万万不可常食猪蹄儿。但是，猪蹄儿带给了我身心的愉悦，倒是真的。于是，我把保持优质的皮肤状态最重要的一点设定为：保持愉快的心情。

建筑师想天天乐呵呵，并不是一件易事，至少我不太能做到。工作烦琐而紧张，不能出错，又需要在严谨的工作中萌发出些许创造性，彰显出设计感。这种高难度系数的工作，不亚于告诉外科手术大夫，你只会做手术还不行，还得边抄刀边跳段街舞。

在身心愉悦方面，我特别佩服专门画施工图的姐姐们，工作时间，她们总能保持旺盛的工作状态，无论是跟其他专业配合，还是跑消防人防等有关部门，甚至跟甲方们推手，都能"锵锵锵锵"战斗力十足。然后在午休时，又能瞬间变换身份，闲情逸致地一边咬着苹果，一边说着自己的孩子呀婆婆呀之类的家长里短，仿佛工作中的那个铁娘子瞬间变成了邻家二婶儿。

我没有那么游刃有余，工作中的烦心事，会一直伴随着我休息、吃饭甚至睡眠。我必须找一些事情来干扰它，才不会一直受这些事情的困扰。

在我心情最差的时候，有两样东西拯救了我，一个是郭德纲的相声，而且主要是单口相声；另一个就是循环播放《欲望都市》（*Sex and The City*）。

老郭的单口相声，我是从《丑娘娘》开始听起的，真是治愈系的典范，听着听着，完全可以从各种纠结的情绪中解脱出来。

我一直认为《欲望都市》是非常好的女性励志剧，六季美剧和两部电影，虽然是已经出了近二十年的陈年老剧，但每看一集之后真是像打了鸡血，对所有的困难都能勇敢面对，迎刃而解。我有很长的一段时间也尝试每晚睡前看，它不仅仅是一粒很好的安眠药，翌日，它真的可以让我雄赳赳气昂昂，重新上战场。

保证良好的睡眠

有很多建筑师从中年开始，渐渐有了失眠的现象，而且都在积极努力地去医治。我很幸运，我有一个非常大的爱好，便是爱睡觉。虽然，我也同样认为，人如果把过多的时间花在睡眠上，真的有点浪费生命。

从前，我的睡眠时间很没有规律，喜欢晚睡，就算没什么工作需要加班，也要东搞搞西玩玩，折腾到深夜一两点方肯爬上床进入梦乡。直到在我偶然拥有几次良好的睡眠之后，惊奇地发现，原来健康教程中教育我们的"早睡早起"并不是一句洗脑空话，它真的可以让我一整天都精力充沛、精神饱满、神采奕奕，工作效率极高。

现在，如果没有特别的工作安排（突击等），我会在晚上十点钟乖乖闭上眼睛，迎接长达九小时梦乡的到来。当然，我妈总嫌我睡得多，经常对我说，睡足七个半小时就够了。大于七个半小时，算负担睡眠。但是我觉得，睡觉这事儿真的因人而异。

当然，每天九小时的睡眠很难天天得到保证，因为我们身为社会人，总有一些时间不能自主，但我会尽量努力每周至少两天九小时的规律睡眠。

拥有了高质量的睡眠，清晨，起床照照镜子，姑娘们都懂的，那真是神采奕奕呀！

坚持运动

以前上学的时候，时间比较自由，学习强度也没那么高，没事的时候我可以从学校（西直门）一直骑自行车骑到天安门。有时候跟同学们逛街压马路也可以压一天，虽然没有固定规律的健身，但身体状态一直不错。

参加工作后，由于我们建筑行业的自身特性，画图的我们每天会有长达十个小时。坐在椅子上，颇有一种誓把牢底坐穿的悲壮。工作的前几年，没什么特别体会，觉得有点疲惫的时候，伸一伸懒腰便继续干活了。画呀画呀画呀，有时候甚至可以一上午都不去洗手间。蓄水能力真强啊！

直到，我的腰，开始向我抗议了！

我出生在北方，滑冰滑雪都没问题，但对于此时长年身居南方的我，实在是没什么用武之地。由于高度近视，我基本也放弃了跑步，最后，我选择了游泳和健走。

其实我也想过除了这两种我是否能做点别的运动？但当我徘徊在大大的落地窗之前，看见窗内的姑娘们都在跟瑜伽教练练习倒立，而且竟然是都在倒立啊，我立马打了退堂鼓，咱还是玩点儿简单的吧。

游泳和健走都是孤独的运动，不同于羽毛球、篮球、足球，这些是伙着来的。在游泳和健走的时候，可以一边锻炼身体，一边跟自己的内心进行对话，一举两得。嗯！没错，我是自问自答控。

在这个焦躁而慌乱的尘世，我们需要经常跟自己对话，了解自己真实所想，真实所需，从而更好地善待自己。姑娘们一定要赚钱给自己花，然后学着自己对自己好。

拥有自己的爱好

我们经常奔走相告，大言不惭地说：我们的爱好就是建筑，我们现在从事与建筑相关的工作，就是在经营自己的爱好。但是，当爱好变成了工作，它有时候并没有想象中那么美好，或者可以说，大多数的时候，我们都在跟不美好的那部分做斗争。

女建筑师们除了建筑，我们还应该拥有滋养身心的属于自己的爱好。这一点，大多数的女建筑师都不用操心，大家做得都很好。我们热爱生活，爱看电影、爱摄影、爱周游世界，前提是：只要我们有时间。

我的最大爱好，便是写字。

真正的爱好，说它没有时间做，不能成为理由。比如，常有人问我：你都是什么时间写微博？其实微博一百四十个字的定量非常好。我的三千余条原创微博便是用各种零碎的时间完成的，它记录了我这些年很多细碎的思路、情绪以及工作细节。对于我，写作的累积也是一样的道理，我的文章大多不是一气呵成的，甚至有时候两千字的文章，会写上一个星期，有时间就补两句，有空儿就再修改修改。

爱好这种事，就像一个男人如果不给女人打电话，发简讯一样，不是因为他有多忙，只是因为他不够爱而已。只要是真爱，总会有时间。

与其说这是一个爱好，不如说这是你的另一个自我。我不想放弃生命中任何一个自我，自我不需要专一，因为多样，所以才有各种各样的精彩。

以上四大方面看似简单，但真的实践起来都不容易。这个世界上痛苦和快乐并行，祝福我们都能拥有属于自己的美好。

优质女建筑师，我还差得很远，任重而道远哟。

40
鱼，我所欲也；熊掌，亦我所欲也

要么坚持，要么走，这个行业从来不养闲人。

一位正在读建筑学研三的姑娘给我写了一封热情洋溢的信。

姑娘非常坦诚地说，她其实是一个对建筑没什么天赋的建筑系学生。其实我特别能理解她这句话，建筑这玩意有天赋和没天赋真的有区别。比如我们身边就有一些有天赋而且努力的青年，向往之余往往可望而不可及，只求平行于他们发展，别有什么交集，否则狭路相逢的话，胜算真的不大。

姑娘的导师是一位老人家，六十多岁。导师语重心长地对她说："建筑系女生最好的归宿终究是高校，硕士毕业还是先读个博吧，然后顺理成章地进入象牙塔当人类灵魂的工程师。"姑娘的师姐们，大多读了博，有几个在设计上特别有"追求"的师姐，硕士毕业后也曾经毅然"下海"去了设计院工作，但干了几年，实在熬不住，还是转了行，有的甚至当了全职太太，也有的回学校找导师说要继续读博，试图重新杀回高校当老师。

姑娘非常明确地跟我表示她根本不想当老师，她以前在设计院实习过一年，参与的工作虽说就是打打杂，很初级的辅助设计工作，即使有时候加班加得也挺累，但是她真的喜欢设计院的工作环境以及快节奏的工作方式，这让她觉得人生有盼头。

学了这么多年建筑学，不是都往高校扎堆儿，她需要一个用武之地。即使她现在水平有限，即使这个用武之地通常都是从"打杂"开始的。

姑娘即将毕业了，她告诉我，这一年应届毕业生的工作那是史无前例地难找（其实我觉得不算史无前例，2009年也是个不毛之年）。年底的时候，好不容易找到了一家不错的设计院肯收留她，很是开心，并满怀憧憬地想干出一番新天地。但她有一些担忧，眼前身边并没有什么好榜样，也不知道未来是否能坚持到最后。

这让我想起两年前在网上看到的一个点击率很高的帖子，帖子的撰写人是一位女建筑师的家属（她先生），十分愤慨地实名制爆料这位女建筑师（他太太）是如何加班加到地老天荒的。

看到实名的那一刹那，我怔住了。这位女建筑师跟我相熟，她是那种不太会说话，但做起事来兢兢业业一丝不苟的无声型女壮丁。我曾经跟她一起旅行，我制定了建筑旅行计划，她十分信任我并与我结伴而行，我们一起度过了七个美好的日夜。

曾经有人对我说："你看过她画的施工图吗？当你看到之后会恍然大悟原来施工图也可以画得这样漂亮。"

她的专业和敬业令我非常敬佩，所以看到她先生的这篇帖子之后，我有一丝瞠目。我第一时间给她发了信息："你老公这是要怎样啊？"言外之意便是，他发这个跟你商量了吗？他本意是为你抱不平，但他是否考虑过未来的日子你将如何在公司待下去啊？！显然，这并不是一个非常理智的处理方式。

其实这位女建筑师的状态我非常有体会，工作日每二十分钟一个电话，我大概知道她已经至少是专业负责人级别了，开始与多专业混战配合，也开始与甲方直接对接。

接电话这事儿，别人替代不了，或者说，不是立刻就能找一个接线员帮你做决定的。但画图，可以替代。

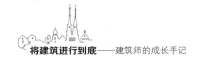

施工图专业负责人必须要削弱其图纸的工作量。

特别重要的图纸，如总图、墙身可以自己画，其他七七八八必须大胆地剥离出去，可以主动跟项目负责人提出自己的想法，以及对工作安排的顾虑。

如果要保证施工图的进度以及图纸完成的质量，需要合理而准确地预估工作量。

我还有一位相熟的女建筑师，在一个项目的施工图阶段，挺着大肚子，每天画图画到凌晨三点。一周过后，女建筑师的母亲不干了，来找所长，质问："为何给她女儿布置那么多工作任务？所里没其他人了吗？有没有必要做得这么绝啊？！"

两位女建筑师家属的"绝地反扑"把两名非常敬业地女建筑师推向了风口浪尖。建筑设计行业是一个隐性的男权化行业，表面虽然不说，但女性真的不如男性在圈儿里过得欢愉，做得酸爽。

在一线搞设计的女建筑师越来越少，无论是做方案，还是做施工图，工作的强度都是非常大的。**要么坚持，要么走，这个行业从来不养闲人。**

一旦认输，投降容易翻身难。一个女建筑师倒下了，一万个身强力壮的男壮丁等着来填这个槽儿顶这个缺儿。

有个高三女生曾经给我留言，讲她从小的梦想就是学习建筑，但报志愿的时候遭到全家人的反对。家人不知道从哪里听说的，女孩子干建筑太苦太累，而且就业难。就算成了一名女建筑师，也要面临事业和家庭的双重选择。

写到这里，姑娘们忧心忡忡了起来。

女建筑师之路到底应该怎么走？

这条路真的走不长吗？

家庭和工作真的无法协调平衡吗？

其实，现实生活中的女建筑师们并没有想那么多，单纯凭借满心的喜欢和一腔的热血便一步步地走到了今天。

黄沙百战穿金甲，不破楼兰终不还。

每一名女建筑师，她们看似泰然自若的外表下，都有着力拔山兮气盖世的决心。或者可以这么认为，你眼前的这个人已经不再是一名女子，她妩媚的表皮之下都隐藏着一颗汉子般的心。

突然想到一个词：铁汉柔情。事业和生活到底能否两全，这不是一个可以做成攻略并放之四海皆准的议题，每个人的情况都不一样，我们都是这条路上的朝拜者和实践者。

女权主义者认为："母性，并不是女性的全部，女性需要超越家庭关系，经营自己，修身与成长，去创造自己的价值。我们的身份不只是一个妻子或是一个母亲，我们首先是我自己。"

于是，身为女建筑师，

在工作中，正视自己的处境，忘记自己的性别，像个爷们一样去战斗；

在生活中，留一丝属于自己的空间，沉静、思考，自我修复和滋养。

用心地经营工作，有策略地享受生活。

鱼，我所欲也，熊掌，亦我所欲也。

41
罗小姐的建筑之旅

有的人注定成不了大师，但建筑的点滴早已渗入她的血液里。

我的微信公众平台名为"建筑之旅"。起初的想法很简单，就是想记录自己的建筑旅行，当然，发展成现在这个样子，备受大家的关注和喜欢，我也是有些意外的，内容也有点儿跑偏了哈，自己有一定的责任。

说起我的建筑旅行，我必须要先提及一位对我影响深远的女建筑师：安娜。

认识安娜是从一组照片开始的。东京，表参道，普拉达（Prada）旗舰店。

赫尔佐格和德梅隆建筑事务所（Herzog & de Meuron）的普拉达旗舰店像一颗钻石一样屹立在表参道，也是整个表参道建筑演义中我最喜欢的一栋建筑。很多人去过那里，也有很多人的相机里留下了它的影像，包括我。

但安娜的摄影不同，她拍了一组"钻石"的夜景。她来到表参道时，夜幕已降临，她站在店里的楼梯之间，镜头里只有白色的内饰以及窗外肃静的黑。至于店里卖的是什么，我想大部分建筑师是根本不关心的。所有的影像不同但统一，都是黑白的映衬，菱形窗外，便是无尽的黑夜。

看到这组影像，我想起了情圣徐志摩的那首诗《偶然》：

你我相逢在黑夜的海上，

你有你的，我有我的，方向；

你记得也好，最好你忘掉，

在这交会时互放的光亮！

　　当人们看到一件触及内心的艺术品时，往往会有一种中箭的错觉。建筑是，摄影作品也是。摄影作品大多的取景时间为白天，白天的光线好，又可以看清楚建筑的起承转合。而我却执拗地认为，只有黑夜，才属于建筑自己。

　　自此，我像一个小粉丝一样，追随着安娜的一张又一张的建筑摄影，从摄影作品开始慢慢了解这个人，开始走近她。

　　安娜跟我同龄，是一名女建筑师，但她并不是我们传统意义上的女建筑师，说得更直白一点吧，她是同济大学学艺术出身的。但她却以一个女建筑师的身份出道，然后，耕耘至今。她曾经跟我感叹，那天突发奇想，想考注册建筑师，结果问了有关部门，给她的回应是，像她这种文学学士，不属于建筑相关专业，得从业十五年，才准许参加考试。我嘴张得大大，然后咽下口水对她说：以你对建筑的专业及热情，已经不再需要那张纸来证明自己了。

　　安娜所在的公司是上海某知名境外设计事务所，她参与完成了许多旧建筑改造项目和商业建筑项目。而她对我影响最深的便是她那"一个女建筑师的旅行"。对，没有她，就没有我日后的建筑旅行。

　　安娜的建筑旅行是从香港开始的，每年，都有一处属于自己的目的地。日本、澳大利亚、英国、捷克、瑞士、不丹……所到之处，都有漂亮的影像记载着旅行中的建筑和人文，她至今仍旧是我心中最会摄影的女建筑师。

　　安娜走遍世界，也煽动起我那蠢蠢欲动的心，我决定沿着她的脚步，走向世界。

　　其实第一站建筑之旅选在英国的原因有点无厘头，就是因为咱这么土，上学这么多年，学的唯一一门外语就是英语，就是"李雷和韩梅梅"。要是从外

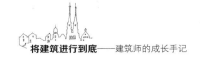

建史的开头金字塔走起的话，万一语言不通怎么办？

事实证明我的想法是非常幼稚的，以我国大学生的英语水平，跟非英语国家的民众交流衣食住行方面的英语，是没有障碍的。但在英国，很多地区的英语却是有口音的，比如英国南部，到了你便会发现，真是鸟语花香，完全不知所云啊。

安娜告诉我，她去伦敦时定的是阿联酋航空的机票和酒店套餐，六千多元人民币。因为我所在的城市通向伦敦的航班选择性相对单一，后来，我乘坐了荷兰航空，先飞性都，转机伦敦。

因为除了伦敦，还做了其他城市的功课，为了坐火车方便，便选择住在帕丁顿车站附近。伦敦的治安很好，但还是不乏"问题分子"。比如，在伦敦的第一个清晨就遇到东欧的诡异分子让我给它拍照，我心想大马路拍什么照？在我犹犹豫豫（其实是没听懂他到底想要干什么）的时候，他便在我的眼前被两个警察带走了。

其实，境外自由行，得长个心眼儿，没事儿不要发挥我国爱管闲事的美德。尤其是周边还有本地土著，而有人偏偏向我这种明显具有亚洲面孔的女性求助，这通常不是什么善类。当然，到了巴黎，陌生人更要能躲则躲。保护自己，从女建筑师做起。

我很想告诉大家，其实每个人都可以自己定制建筑旅行计划。准备旅行的过程，便是学习的过程。不要担心英语不好怎么办，我们学校里的那几把刷子足以应对许多国家的自由行。

旅行的时间机动灵活，丰俭由人。也不需要一大早五点多就要起床坐大巴赶往下一站。遇到没有预料到的美景、难以抗拒的美食，都可以毫不犹豫地停下来，驻足品尝，细细赏析。

我做了一个详细的Excel旅行攻略。制定好每天的日程及路线。标记了突发事件后的应急电话以及大使馆的联系方式。

勇敢走出了第一步，便有了第二、第三、第四步。

终于，我看到雅典卫城的日出，看到了帕特农神庙本尊；我抬头仰望罗马万神庙光芒万丈的穹顶；我迎着朝阳登上了佛罗伦萨主教堂的穹顶；我站在星形广场的凯旋门上面朝拉德芳斯的方向深呼吸；我神奇地预约到了达·芬奇《最后的晚餐》的参观时间；我在文坛巨匠拜伦、歌德、巴尔扎克流连的咖啡馆喝咖啡……

大学时，我的中外建史均以六十分"圆满"结课，连佛光寺和万神庙的正立面都画不大清楚。我当时并不明白这两门课对我未来人生的真正意义。后来的很多年里，我心里一直有那么百十来个地方，去亲眼见见它们仿佛是完成人生的一场场重要仪式。有的人注定成不了大师，但建筑的点滴早已渗入她的血液里。

备注：罗小姐的旅行小贴士

1. 拟定简要的旅行攻略

确定你行程中包含的几个目的地，所在国家、区域、城市等。如果能有个详细的计划就更好了。拟定行程路线的过程，是非常有快感的，当然也有人当它是麻烦，不愿意去做。

2. 提前三个月左右办理签证

以我的习惯，不打无准备之仗，不想搞一些加急，加快的签证弄得自己后面的计划焦头烂额。因为大多数国家的使馆都不位于我所在的城市，签证通常我会找旅行社来代办，几百块能帮你办得妥妥的。

3. 尽早预订机票和酒店。

机票和酒店可以不用签证下来便开始预定。酒店越早预定越便宜，但记

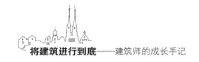

得要预定可以退款的酒店，减少旅行中的变数和风险。机票也是越早预定越便宜，但我至今没有预定过"不退票不改签"的机票，天秤座犹豫、怕生变的性格在这里体现得淋漓尽致。（其实是深怕项目中的一个突发事件，我走不开。）

4.预约热门景点门票

很多景点门外的队伍都排得人山人海，提前预约可以省去很多排队的时间，比如：比萨斜塔、梵蒂冈博物馆等。当然，现在很多城市推出了所有景点的通票，这些个城市景点通票也是免排队神器，让你在人群中，瞬间脱颖而出，嘿嘿。

5. 地图

每抵达一个城市，买一张地图，虽然攻略里已经把地形勘察得很清楚了，但是地图是城市最好的纪念之一。此时此刻，我们在这里。

6. 当地的上网卡电话卡

如果在一个国家呆的时间较长，建议买一张当地的上网电话卡，这个世界，只要能连上网络，我们便永远走不丢。

7.参观景点的最佳时间

那些耳熟能详的黄金景点，要么刚开门的时候去，要么快关门的时候去。日出和日落会给你终生难忘的特别体验。

8.旅行中的食物

别自带泡面、榨菜、老干妈。在不同的国家旅行，抛弃你习惯的味蕾，一定要品尝当地最地道的美食。美食是你游历一个国家的重要一部分。

9.牢记应急电话

临行前，牢记那些应急电话。另外，特别要记下所在地中国使馆的地址、电话，有困难除了找当地片儿警之外，还可以找我们的祖国。

10. 手机里装一个金山词霸

你懂的。

42
节气后遗症

这的确是一个黄金时代，但不是安逸的黄金时代。

惊蛰

早上，厦大的Z老师给我打电话，说我师弟Q来厦门出差了，很想一起见个面。我彼时正在工地上，确切地说，正在群房的屋顶爬上爬下，眼前是一根半人来高暖通男搞出来的管子。我们一起约在了市井小店儿，在乌糖吃沙茶面。

餐罢抹嘴在沙坡尾晒太阳，冬日的中午，太阳温暖极了。

当年我读书时，师弟Q在系里最大的特长就是……长得帅。他毕业后以快题第一名考入某航母设计院，辞职考研，从清华毕业后再合伙创业，拿着宣传册到处找项目，一路艰辛。分别了这么些年，所有的故事谈笑间娓娓道来。

甲方的项目经理调任分公司很久了，今日终得知，他马上就可以班师回朝了。真好，我竟然比他还高兴。我问他回来之后，去哪个部门啊？他说，还能哪个部门，老地方呗。那些曾经在战斗中孕育的友谊是那么难忘，他的回归，就像一个老朋友又回到了身边。

傍晚，约了L小姐见面，我先到，坐在日料餐厅里，若无其事地观察着周围的人。我有一个小爱好，很喜欢在餐厅观察周边的人，看他们吃什么菜，揣测他们之间的关系，然后大快朵颐。

这时，L小姐走进门来，怀里抱着一大束美丽的花送给我（百合和玫瑰，竟然还有一颗菜花）。她那天刚跑完八公里，没有擦唇膏。

我们那天说了很多话，吃了两份牛舌，以形补形。

X总在《建筑技艺》发表的那篇大作《人防的使用要求对人防的设计指导》有了微信电子版。话说，这篇文章一出，我真觉得这是人防界一大神作。文章中把"人防那点儿事"的文言文成功翻译成了白话文，简单明了易懂。业界良心，广而告之。

芒种

过去的三十天里，下了一个月的雨，听到一个长期居住在南方的同学讲了一个关于梅雨季节有趣的说法，梅雨季节是一个考验谁人内裤最多的季节，莞尔。

幸好，雨过天晴，太阳烘干了我们身上的霉味儿。

而今，六月，我们的盛夏来了。

工作繁忙依旧，每个人的时间空间都上演着相似的情节，电话、电脑、工作日程、生活琐事。甭管有理没理，都在努力地讲道理。有时我会用力地掐一下自己，看看血肉之躯是否还敏感依旧，痛是会痛的，痛过之后，还会继续地向前走。

朋友们问我，你哪里有时间写字？

嗯……中午，人们午休的时候；晚上，人们睡觉的时候。

搜狐的编辑跟我接触，邀约下半年的专栏，我说我得提前跟你们说一声，我不写学术哈，写不懂，写不来，写不会，写不灵。女建筑师们多半心思细

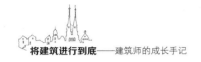

密，脑子里满满都是世间情怀。

我是工科出身，职业的需要让自己随时携带着所有工科女生的彪悍特质。职场中，我们要像个男人一样去战斗，而内心深处，仍旧经营着一片柔软细腻的世外桃源。

无论年纪多大，沧桑几何，愿童心未泯，笑靥如花。

幸好，这世间还有桃花源。

白露

秋高气爽，天高云淡。这大概是一年之中最好的季节了。想起张宇的一首老歌《整个八月》："整个八月，所有感觉糊糊黏黏，天像特别远，路也特别颠，心里的狂想和狂念，它不隐不现。"

我的整个八月，除了一些头头尾尾的、还没开始、正在收官的项目，貌似只做了一件事：负责了一套山地养老建筑的施工图。这个项目历时三个月，从方案做到施工图，十分艰辛不易。一直以来，我从事的都是住宅地产、商业地产以及旅游度假酒店设计，因为对养老地产的不熟悉，因为对山地建筑中场地设计的项目缺乏经验，几次都挣扎得想放弃，甚至还很不争气的在某天中午抹了几滴眼泪。负责三十万平方米的项目都不会哼哼一下，就这么一万多平方米，复杂的护坡、挡土墙、截水沟竟然把这个女汉子给折腾哭了。

好在，一切都咬牙挺过去了。

就这样，踉踉跄跄地到了九月，手机里循环着齐豫的那首《九月的高跟鞋》。

我很喜欢买鞋，尤其是曼妙的高跟鞋。其实真正穿上的机会不多，多数是一时养眼喜欢，将它们买回来独自拥有。鞋柜里摆放着很多双属于我的鞋，五颜六色，四季分明。

事实上更多的时候还是穿最为养脚舒适的芭蕾鞋，无论走得多远多么疲惫都不会累，平淡，平实，从容，坚定。

我至今仍坚信：一双舒适而有气场的鞋子，会指引我走上幸福的路。

办公室的小伙伴们都知道，但凡是我哪天踩上了高跟鞋，只有两种可能：

（1）述标。

（2）有重要的约会。

惬意而紧张的九月重新燃起了战火和斗志，完成了艰难的施工图之后，我又重新回归到了心中向往的方案创作中。

秋意浓，我已准备就绪，你呢？

霜降

中国上海。

外滩英迪格酒店（Indigo），27层。

夜幕降临，城市安静。十六铺、游船、唐僧帽，在夜色的掩护下格外的耀眼。浦江对岸的花旗银行大厦整夜闪耀着各着标语，多数不像广告，只是在那里孤注一掷地不停地变换着字与字的排列方式，执着极了。

又是一年。

在上海，有很多的朋友，我悄无声息地经过这里，穿行在熟悉的城市，小心翼翼，完全没有惊动他们。

我满怀欣喜地当个游客，坐着巴士，戴着耳机听讲解，穿过城市的大街。ABC三条线。

秋意正浓。有落叶。在萧瑟的梧桐树下行走，舒适而凉爽。

买了一大包饼干，四十元门票，在人烟稀少的豫园喂鱼和乌龟（目测乌龟的眼神儿比较好），时间仿佛停止了。平日里貌似不感兴趣的事，仿佛成了奢侈的时光。

酒店的早餐，开到上午十一点。身边跃动着各种正装笔直的身影。曾经一

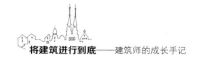

个朋友对我说，他有长达几年时间，经常睡在高级昂贵像是那么回事的酒店，但每每想到这一整天将要面对的人，要说的话，就会立刻心塞起来。

英迪格酒店（Indigo）的顶层有个"恰"吧，在上海还挺有名的，经常在网上看到人们拿着高脚杯晃动着，身后闪烁着外滩的背景。但我一直对"酒吧"性质的场所不感冒，我不喜欢混沌不清、晦暗的暧昧，我知道，那不是我的菜。

城市的夜晚总是很邪魅的，华灯初上，各方"妖孽"便纷纷出场了。电梯里走进一对璧人。男的穿白色衬衣，小心地为女士挡着电梯门，女士身着黑色半身裙，电梯里昏暗的灯光映衬出她的淡妆。十几秒内的狭小空间，两个人面对面试探性地傻笑。我作为三百瓦灯泡一枚，想起了《倾城之恋》里的范柳原和白流苏。

而白昼又是这般明艳。

萧红在给萧军的信中说："窗上洒满着白月的当儿，我愿意关了灯，坐下来沉默一些时候，就在这沉默中，忽然像有警钟似的来到我的心上，这不就是我的黄金时代吗？此刻。"

萧红一生努力追求自由舒适，平静和安闲。

而现实中，我们每一个人都像充足了电的"劲量兔子"，打着鼓，奋力地冲向终点，浑身都是正能量。

没错，这的确是一个黄金时代，但不是安逸的黄金时代。

无关战事，唯有前行。

小寒

今日小寒，我所在的城市却出奇的闷热，然后我应着节气煞有介事地穿了好多。

开了好久车，实在无法忍受车里的闷热，但又觉得二十摄氏度的天气，车里还要开空调实在太土豪，恨不得脱它个精光（当然，还剩了那么一点儿，免得影响旁边的车）。

还是喜欢当一个在寒风中冻得瑟瑟发抖，用力跺着脚，却精神头十足的小战士，日复一日，但信念坚定，目光坚毅。

甲方跟我说，怎么样？准备好跟我们一起过冬了没？

我说，我们应该准备好一起迎接春天。

一直以来的我都是这样：

站在医院门诊咨询台，我告诉自己，有一天，我一定会做到医院；

站在飞机出港大厅，我告诉自己，有一天，我一定会做到机场。

我总有那么多的念想，怀着那么多的憧憬和希望。

生命不息，信念不灭，不是吗？我们每个人不都是为了不一样的明天，努力前进着吗！

今天，我听到了一个很熟悉的称呼，有人叫我"小罗"。已经有很多年没有听到这两个字了，瞬间心暖，有了许多的力量。

是啊，新的一年，就这么来了。

我的故乡下雪了。你的呢？

43

被忽略的女建筑师

建筑史上十个被忽略的女性之一。

今天，我们来说说著名建筑师路易斯·康（Louis Kahn）背后的女人，好吧，女人之一：安妮·廷（Anne Tyng）小姐。

还记得在电影《我的建筑师》（《My Architect》）里那个白发苍苍眼神锐利、精神矍铄的老太太吗？她带着路易斯·康的儿子参观当年他们共同完成设计的游泳池更衣室，她小心翼翼，提起路易斯·康时，我甚至以为她在讲述自己的老朋友，直到露出一个恋人般的神秘微笑。

女人的直觉是最灵敏的，特别是对第三者。

她是建筑师安妮·廷，巨蟹座。首先说一下，以我对星座的多年研究，巨蟹这个星座是非常平和无争的，甚至可以说有些贪图享乐的星座，通常不会出"作女"。但在查阅了安妮·廷小姐的一生，真心感慨。她，是螃蟹里的例外！

安妮·廷小姐出生在中国江西庐山，父母是中国的传教士。

她的家族具有波士顿精英家史的背景，她就是就我们经常说的白富美。

她受过最好的西方建筑学教育，1944年从哈佛毕业，是当时美国第一批读建筑学的女性。我们都知道我们的林徽因女神因为不能读建筑系，只能注册在美术系。

她毕业后没有建筑事务所愿意雇她，只是因为她是女的。呵呵，这一条在当今的职场仍适用，最抢手的永远是大龄、未婚、男性！为嘛？有经验，能加班，战斗力强啊！其实我觉得能否把握住大龄、未婚的男性员工，其实还挺考验老板的，不谈这个，扯远了。

安妮·廷小姐在找不着工作投奔无门的时候，被路易斯·康慧眼雇用。那时候，几乎所有建筑事务所都是清一色的雄性建筑师，至于安妮·廷小姐被雇佣的原因，我们无从可知，当然，不排除因为安妮·廷小姐确实长得漂亮。

写到这里，她的初期情况已经大致明了，出身于精英家庭，毕业于美国名校，师从于著名建筑师路易斯·康。试问：这是多么美好的一个职业女性奋斗榜样哦！

据路易斯·康建筑事务所的旧员工回忆，小个子路易斯·康总是喜欢年轻漂亮的女性，不放弃在任何一个场合接触美妞的机会。当然，也许这样略带"恶意"的评论源于旧员工与路易斯·康在工作中的交恶。

路易斯·康每周工作八十个小时以上，于是，事务所的小伙伴们也被迫每周工作八十小时。员工们回忆道，他们很盼望却又很怕周末的到来。因为，平时路易斯·康没有太多时间静下心来考虑正在进行中的设计工作，周末之于他就格外可贵。他总是趁周末钻到事务所里，抓住任何一个遇到的壮丁一起改方案。

安妮·廷小姐协助路易斯·康设计完成了许多早期的作品，最后没有落她的名，这一点也不奇怪，打杂嘛，就要有打杂的节操，何况是跟着大师打杂。

她是第一批拿到美国建筑师执照的女性，从此走向执业之路。她后来甚至成了路易斯·康事务所的合伙人，我一直认为路易斯·康是一个公私分明人，一定是安妮·廷小姐出色的才华和优秀的能力让她晋升至事务所的合伙人。

写到这里，安妮·廷小姐已经几乎是个完美的女性了，

可是！

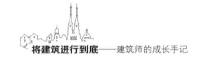
她偏偏爱上了其貌不扬、大龄已婚、贫穷犹太移民、当时建筑界的怪人！

"亲爱的安妮，我必须做出这时代最牛的建筑，你必须帮助我完成这个设计，我不确定没有你的话我能否顺利完成，想想现在的建筑设计水平多低呀，我们一起，让他们看看什么才是真正的高大上……爱你的路。"康师傅这么一封信，安妮小姐就从罗马跑回费城，兴高采烈地加班去了。

路易斯·康在遇到安妮·廷小姐之时，是有太太的，但这位巨蟹座的姑娘，仍旧奋不顾身，飞蛾投火。

她与路易斯·康同居二十七年。

她三十三岁时与时年五十二岁的康生下一女。

1997年，路易斯·康那时已经退出江湖二十多年了，安妮·廷小姐出版了一本名为《路易斯·康给安妮·廷的信》（《Louis Kahn to Anne Tyng》）的书，这本书以她和路易斯·康在1953~1954年期间的通信为主要内容。有意思的是，书中只有路易斯·康寄给安妮·廷的信，而安妮·廷寄给路易斯·康的信都被路易斯·康销毁了。写到这里，不得不说，路易斯·康的确是情场老江湖……

安妮·廷小姐一生中参与了多项以路易斯·康为主创的设计作品，她与路易斯·康同游罗马，罗马之行使晚年的路易斯·康走向了建筑创作的巅峰。她的数学与几何概念设计思想对路易斯·康的晚期创作甚至产生了决定性的影响。

在安妮·廷离开了路易斯·康之后，并没有消沉，继续着她热爱的建筑工作，她五十多岁取得了博士学位；深藏功与名，在宾大当建筑老师。推广着她的数学与几何概念设计。她的这个概念可以从她晚年随身佩戴的耳饰中窥见一二，那是一对几何感十足的耳坠，只是不知缘自何处。

安妮廷小姐生于1920年，卒于2011年，享年九十一岁。她近百年的建筑人生里，半个世纪给了自己，半个世纪给了路易斯·康。

在她去世前一年，安妮·廷小姐举办了她的个展。她以自己对建筑的执着和热爱，与世俗做斗争，无奈美女难过英雄关。

安妮·廷小姐被记载为建筑史上十个被忽略了的女性之一。

本文参考文献：

[1]原口秀昭.路易斯·I·康的空间构成.徐苏宁，吕飞，译.北京：中国建筑工业出版社，2007.

[2]俞挺.地主杂谈.搜神记.北京：清华大学出版社.2014.

44
战袍

我希望成为我理想中的自己。

九月的高跟鞋不好穿，加班加得心塞，瘦了五斤。

有人问，如何能一直满怀激情地工作？别人我不知道，我一切的努力都是因为一个念想。人只要有念想，精神上永不疲倦。比如，我要吃到布达佩斯的花朵冰淇淋，我就会为了有一天吃到它而不懈地努力。

在前进道路中，每一个建筑师都有自己的标志性战袍，而每套战袍中，都会荡漾着一个标志性的物件，它可以是一双鞋，它可以是一枚戒指，它甚至可以是一支口红或一款香水。

这些个物件，不是因为它们精美、昂贵或是璀璨夺目。它像是一个在迷雾的丛林里给我们指路的仙女，挥舞着魔棒，给我们足够的心理暗示。

"嗯！该你上场了！"

抑或，

"就这样！现在谢幕吧！"

我们身着锦衣战袍，貌似一出场便真的可以力挽狂澜似的，即使表现得很囧，也可以囧得大放异彩。**时光荏苒，它是就像一道护身符一样，伴随着我们前进的脚步，在不远处照亮我们的璀璨人生。**

我也有自己的护身符，每逢重要的场合，或者说见到重要的人，我都会戴着它。

一条璀璨的丝巾。

我的每一条丝巾，都蕴藏着一个有意思的故事，或是一段难忘的经历，我曾经想过，我每到世界的一个角落，我都要带回来一条，它满载着那些城市的记忆。

2008年9月，上海，南京西路

那是我一次来到上海，一个人在几乎空旷无人的恒隆广场里闲逛，看着名头各异的奢侈品和不菲的价格，无动于衷。直到，我走近了一个橱窗，橱窗里悬挂着一张90cm×90cm的大方巾。

庄严，夺目。

那是传说中的一见钟情吗？

四匹马头有序地旋转式排列，骄傲、有力。海蓝色的衬底，呼之欲出。我忐忑地走进店里，紧张地告诉店员，我喜欢它，我要试戴（我一直都这么直接）。我至今依旧记得我戴上它的那一刹那。没错，它就是属于我的，它就在那里，就像一直在等我。

三千三百元。我一个月的工资。

这是我的第一条因城市而来的丝巾。那时，我几乎没有机会佩戴她，我每天都埋头在CAD的深海里，一道道尺寸标着，一个个索引号注着。我上班的时候不需要接触任何人，我可以在我的座位上从早坐到晚，也许一整天都不会有人跟我说话。就算说话，内容基本是："小罗，你把那道墙向右挪200""那里设一个竖井，净截面积不小于0.7"。

那一年，我在画施工图。

那一年，我二十六岁。

2010年3月，东京，银座

伦佐·皮亚诺（Renzo Piano）设计的银座店非常难找，不在那条主商业街上。建筑的表皮以正方形玻璃砖堆叠，是缩小版的方巾给予的灵感。我从容地走进店里，想买一条丝巾作为东京建筑旅行的纪念。

日本人民亲切友好，店员礼貌而热情。我带了个小本，一笔一画地写着汉字与店员交流，汉字让我们能愉快而无障碍地沟通。我最后在小本上注明：90cm×90cm。我执着地认为这是一个能带给我幸运的尺寸。

我在一片姹紫嫣红中觅得一条心中所爱。丝巾名唤：天穹。汇集了十八个西方建筑的穹顶。有巴黎潘提翁神庙的屋顶，匈牙利犹太教堂的穹顶，科尔图君士坦丁堡大清真寺的屋顶，有里斯本的，莫斯科的，伦敦的，马德里的，都灵的……

这条丝巾的寓意是：向伟大的建筑师致敬。

我有自己的想法，并开始付之努力想去实现它。我尝试了很多种改变，我想过去当甲方、我想过去当记者。我是热爱建筑的，我的建筑之路还没有开始，我还没有一座自己作为主创设计的房子。

那一年，我开始学着做方案。

那一年，我二十八岁。

2012年8月，伦敦，邦德街

八月的伦敦，已经微凉，天气却出奇的好，给了我完完整整的十个大晴天。我从希思罗机场坐到帕丁顿站，住在火车站附近。坐无比破的地铁（跟天朝比），吃不腻的炸鱼薯条，道貌岸然却冷幽默十足的英国人……

我每天兴奋而惬意地徜徉在伦敦的大街小巷。那一年，邦德街有一半的店面在重新整修，著名的丝巾店橱窗里悬挂着一条中国元素的90cm×90cm的大方巾：苗家百褶裙。

百褶裙是苗族姑娘嫁妆中最美的象征，丝巾最大的亮点是裙摆皱褶间翻腾跳跃的银质雕镂小马。

就是这匹小小的马，打动了我，我反复抚摸着这匹小马。想象着它幻化成立体的模样，在裙间飞舞的样子。

它不正是我们的梦想吗？它清晰而遥远，但一直跳跃在不远的跟前。也许它曾经蒙了尘，被我们忽略甚至不得已遗忘。但它终会有一天见到阳光，随着我们的步伐、我们的裙摆，飞驰在每一个晴天。

我从未放弃自己，我一直在努力前进。

那一年，我第一次负责项目。

那一年，我三十岁。

2013年10月，北京，国贸；米兰，圣安德烈街

北京的秋天短暂而美丽，带着丝丝凉意的空气让人舒心不已，我像一株贪婪的植物，吸吮着这个城市带给我的养分和际遇。我在国贸大饭店八十八层吃了简单的午餐（好像它那儿也只有简单的午餐）。我在城市的高处，回忆着十年前那个在城市中穿梭、一穷二白、但天不怕地不怕的小姑娘，是的，她没变，她又回来了。这些年来她过得虽然很辛苦，但她真的长大了，她可以站在空中，鸟瞰这座她爱得深沉的城市。

餐罢抹嘴，溜达到楼下的商场里。我看到了一艘红色的帆船。

我站在店铺的门口望了十分钟，一动不动，人们来来往往，匆匆地从我的身边走过。我微笑地凝视着眼前的这件艺术品，心动，走了，又回来，又走，又回来，但最终选择离开。嗯，我那天的行程里并没有买东西这一项，我必须要离开。

后来，我知道，那是一艘战船。是的，我从未忘记。

一年后，米兰。我再次看到了这艘战船。

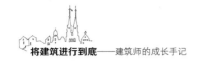

只是悬挂在橱窗里的背景不再是红色，是海洋的蔚蓝，那艘战船在深不可测的大海里乘风破浪，满目苍凉，彪悍而美丽。

我毫不犹豫地把它"招致麾下"，我知道，此刻！我不会再错过它。

那一年，我希望成为我理想中的自己。

那一年，我三十二岁。

突然想写一封信，给我最亲爱的你，看你不畏惧，一股傻劲，有时候多不忍心。

|罗小姐·小事记 E |

■　年会，推杯换盏。同事问，罗工，你从来不喝酒吗？我答，从不，以后也不会。家教中有三个人生禁区：不抽烟，不喝酒，不打牌。

■　几年前我曾构思过一部小说，大致内容是一个资深建筑师与一个初级时尚女编辑的爱情故事。故事的梗概已在脑海中形成，男女主人公都有原型，在我心中，他们应该在一起至少有点儿什么。可故事就是故事，在现实生活中，他们至今也不认识。

■　我想，故事的结局应该是这样的：资深男建筑师和时尚女编辑最终的重逢应该在机场。是让他们隔着登机桥相望相视一笑呢？还是让他们一个进港一个出港擦肩而过呢？还是让他们深情相拥忘我狂吻呢？……（好纠结）

■一个姑娘接过我的名片，嘴巴张半大，迟疑了半天，终于忍不住脱口而出："你这个名字，怎……怎么像个男的啊？"我承认，有这种感觉的人不少，但第一次见面这么直白说出口的，寥寥无几。为了表达我有一丝不快，我拍着她肩膀，眼神暧昧地对她说："其实，我就是个男的。"

■ 极爱洗澡，尤其是冬天的夜里，每天最放松的事就是洗个一小时的澡

（工序较多）。像我这种懒人，能有这么个诡异的爱好，实属难得。自己像个茶叶蛋一样腌制在浴缸里，思绪神游，工作上的事完全不想，电话完全不接（当然，过后还是得孙子一样回电话），听着诺拉琼斯的小曲，善哉美哉。

■ 古人云，女生画图画久了，容易抑郁，临床症状接近于产后抑郁症，主要表现为情绪低落、悲伤哭泣、担心多虑、胆小害怕、烦躁不安、易激怒发火……于是我果断把桌面设置为麦兜，看到他的鼻孔之后，每天都龙颜大悦。

■ 回想起来，幸好我从未相过亲。我实在不知道，当对面坐着一个卖保险的、连长、政府公务员、IT男、卖内衣的小老板、仓库保管员、银行理财男、高中物理老师、淘宝手机店主、兽医……该聊些啥？确切地说，我不知道面对一个非建筑师，会有什么话题。

■ 曾经有一位女同事，很得意地跟我炫耀："哎呀，我老公现在已经不画图了。"（她的意思是说，他已经做到某设计院的管理层。）而我当时的第一反应不小心脱口而出："他……是搞后勤了吗？"因为在我的正常思维里，一个建筑师哪怕到了八十岁也不敢自称不画图了。

■ 三十岁了，还是会因为电影里的一句台词辗转反侧激动不已；三十岁了，还是喜欢吹空调盖棉被在床上铿锵有声地吃东西；三十岁了，还是时常惦记着路边摊和有地沟油的水煮鱼；三十岁了，还是最喜欢听那些九十年代末唱到烂的港台歌曲；三十岁了，还是时常午夜梦回到期末赶图的专业教室里。

■ 我把自己归类到这样一个社会群体：三十多岁，女性，没什么鸿鹄之志，没什么存款，喜欢睡觉，有一份热爱的工作，偶尔也遇见思维障碍或情感障碍者，生活虽然骨感但乐观面对，吃顿好吃的便乐得奔走相告，对两性问题

貌似有了一点点智慧，有好多乱七八糟的小爱好，喜欢买书但看不看再说……因为灵魂太自我，所以钱赚得不太多。

■　三月的第一个星期一，事情多得排山倒海，追设计费未遂，接电话接到心涩。本以为这一天就这么如往常一般颓然而过，直到……电梯里遇到母女二人组，小女孩三岁左右，我提起最后一丝力气对她友好地挥了挥手，小女孩的妈妈随即对小女孩说："快！叫姐姐。"（一天的阴霾一扫而光。）

■　我也很喜欢抱着一包薯片卧在床上从早到晚地追剧；我也很喜欢听着音乐每天画画图上上淘宝，不去想昨天做了什么，明天要干些什么；我也喜欢每天八卦一下谁和谁又在一起了谁和谁又分道扬镳了……但我要的更多，我要周游世界，要自己的物质和精神帝国。我想的太多，于是我现在的每一天都在精打细算中度过。

■　我是标准的新中国第一代独生子女，从小长在大城市，受良好的教育，性格开朗，会拉小提琴，会游泳，会滑雪，集万千宠爱于一身。但我有一个无法破解的死穴……不！会！做！饭！

■　金庸笔下所有的武侠人物中，男子，我独爱杨逍；女子，那一定是赵敏。爱赵敏，爱她明艳不可方物、灿若玫瑰、雄才大略、敢爱敢恨，虽为女儿身、却是男儿志，专挑高难度的啃，有种雌雄莫辨之感。而杨逍的厉害之处，不是身怀绝技、风流倜傥、恃才傲物，而是他竟然能把情敌变成自己的女婿。

■　不知不觉中，手机自带的短信功能渐渐地没有了人为的温情与关怀，失去了被它承载多年的我们的青春印记。每个月，我收到手机短信的基本类型如下：①五花八门的广告；②银行卡消费提示；③各航空公司的温馨提醒；④

交通管理大队的违法处理；⑤我去！下工资了！⑥罗工，图已经发到你的邮箱了，请查收……

■　寒风萧瑟，夜晚，有一只小小的黑衣红唇，踩着精致的小跟儿鞋，踏着潮湿阴冷的方砖铺地快速前行，她走进一座普通的写字楼，进电梯，低头，出电梯，刷卡开门，开启除卫生间外早已熄灭的所有灯光；入座，继续工作，此时，黄色的草图卷纸里自在地插着一朵红色玫瑰，照亮了整个黑夜。（女建筑师的假想情人节。）

■　我已经过了追星的年纪，特别欣赏的男性或女性也有，但处理的方式已经不是十年前的样子。我更倾向于面对面的沟通，一对一的交流，在你的眼里只有对方，而在对方的眼里也只有你，这样的相遇这样的谈话，才更真实而有意义。你就是你自己，任何优秀的人都只是你前行路上的朋友，去活出你自己的人生吧。

■　我的心一直属于舞台，从小到大都是站在台上的那个人，北京音乐厅、人民大会堂我都演过，但我一直有个理想，在千人多功能厅，背对PPT大屏幕，拿着麦克，没有任何背景音乐，做一个演讲，乔布斯介绍新产品那种。（后来，故事的结局是，我在社区给大爷大妈们科普消防知识，理想和现实是有差距的。）

■　楼里住着几个厦航的空姐和机长，晚上锻炼回来上楼，与一身着深蓝色呢子大衣、拖职业行李箱、端庄有范儿、妆容姣好的空乘姐姐二人共乘一梯，身着紧身运动衣裤1.58m的我戳在电梯里只到人家下巴……我经历了人生中艰难的三十秒。

■ 一个男建筑师，真正开始有味道，是从四十岁开始的，他前半生的人生阅历，脸上浅浅的皱纹，甚至略微发福的体态，若隐若现的花白头发，都在为他不停地加分。就算戳在那儿不说话，一个眼神也如一颗子弹，年轻的女孩子根本无法抵挡。好在，一个女建筑师开始真正意义上地盛开，是从五十岁开始的，比如妹岛。

■ 七夕，男主角A手持红色玫瑰，男主角B手握两个密封牛皮纸袋。

女主角问A："玫瑰几朵？"

A答："九十九朵，代表天长地久。"

女主角又问B："你这俩破口袋里装的是什么？"

B望向远方："这是我这些年来作为项目负责人的中标通知书和施工图审查报告。"

0.01s后，女主角将其扑倒，男主角B完胜。

■ 我有多少双鞋？这么说吧，有一面墙。我一直坚信一双好鞋会带着自己踏上幸福的路。而我，对所有的鞋子只有一个要求：舒适！世间的路已经很难走，我不能让鞋跟再牵绊我前进的脚步。

■ 深夜自省：自己不够美，不够高，字写得很丑，学习不好，不够细心，脾气有时很差，性格弱点很多，贪玩，爱走神儿，喜欢吃零食，嗜辣如命，晚上睡不着，早上起不来……太多太多缺点。就算这样，咱不也得攒着精气神儿努力生活下去。

■ 从一个女性的角度，一个成功的商业体是什么样子？我要买的品牌，店铺得有；我好的那口，餐馆得有；我逛累了找地儿休息神侃，舒适场地得有；我要每个商家都逛到，流线不能让我晕菜；地下车库与商场的衔接，越自然越好。这些都是设计中最基本的，消费者逛的是商场，不是博物馆。

■　跟我妈吃饭，我妈若看到我碗里米饭盛的超过半碗，就会看着我一定要剩下别吃完；若发现我夹了超过三块排骨，马上会扣下我的筷子。妈经常刺激我说，她们医院的女大夫护士很多中午都不吃饭，吃苹果。后来有次跟我妈视频，我妈惊喜无比的说："罗罗，你瘦了！"

■　饭点儿，如果你看到一男一女等菜时，肆无忌惮天马行空大声神侃，他们一定是哥们关系；一男一女时而含情脉脉，时而冷场发呆，交谈不多但彼此专注于对方，他们一定是热恋中的情人；如果一男一女各拿手机，目光从未停留在对方身上，他们一定是夫妻；如果一姑娘目空一切对着一盆水煮鱼埋头苦吃，那便是我。

■　人与人之间有"delete"的关系，即是把某人删除，这人就待在回收站里边，只要不重装系统，某天想拎出来晒晒就可以还原。人与人之间还有一种叫"Shift+delete"的关系，就是让他彻底在太阳系里消失吧。

■　试衣，把一件S号的衣服顺利穿进去了，激动万分。猛然发现，同款挂在店里的其他衣服号码分别是：XS，XXS，XXXS……

■　前几天，有人跟我说有一姑娘大龄未婚，想找个在设计院工作的男友，让我帮忙留意着。猛然想起几年前有个中央音乐学院钢琴专业的姑娘也托我求个设计院的白马王子。我十分困惑，坊间一定是谣传设计院的男性人傻、钱多、还没空花。

■　在我们情感生活中穿梭着形形色色的人，碰巧他击中你心房，你爱他

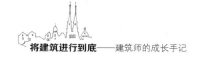

汇报时的口吐莲花，爱他画得一手漂亮的草图，爱他大兵压境依然镇定自若，爱他志趣品位处处才华横溢……若干年后，细细回味，你当初迷恋的不仅仅是他，更是那个站在未来闪着光芒的自己。

■ 大雨滂沱，我身着经典米色长款束腰风衣，撑复古雨伞在泥泞中前行。眼前浮现的都是《卡萨布兰卡》中，将不朽台词 "We will always have Paris" 映得熠熠生辉的英格丽·褒曼与亨弗莱·鲍嘉身着长风衣相拥的景象。忽！然！一辆车从我身边飞驰而过……我的风衣瞬间成为草间弥生爆款。

■ 年轻的姑娘说，很羡慕你现在的状态。现在的状态即：一直吃着两元的包子，吉野家的A餐，肯德基的原味蛋挞，穿着优衣库的衣服，在亚马逊不计成本的买百十来斤的书叠床啃。想来想去着实普通低调毫无过人之处。如果真要挖掘点儿值得羡慕的成分，也许只有勇敢执着的心和草根般不灭的勇气。

第六章

将建筑进行到底

姓　　名: L小姐

年　　龄: 无关紧要

工作年限: 超过十年的工龄以后，就没人再介意这
　　　　　个了。

目　　标: 向着更好的自己全速前进。

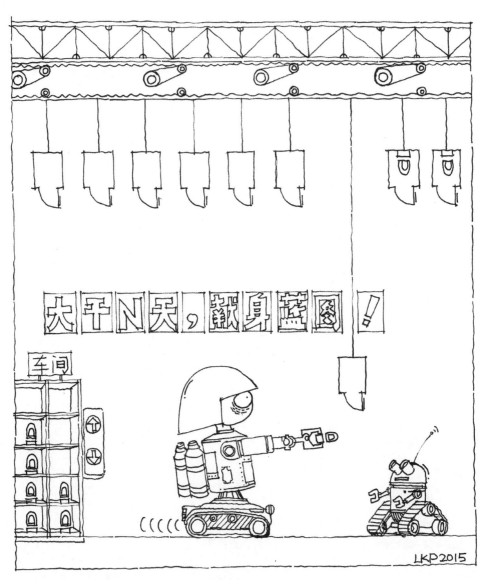

请一定要相信，当你把热情投入给了工作，工作便不会轻易亏待你。

45
乙方大忌

沉稳,遇事不乱,是乙方必须要练就的一项生存技能。

早晨约了甲方一同看现场。八点半刚过,微信铃声"嘀嘀"响了起来。我想,是不是他路上又堵车了?没办法,我这个甲方经常堵车,所以每次碰头,平均迟到时间约为二十分钟。结果,一看手机,原来不是甲方,是同学老金。

老金:"十万火急!刚才甲方说话很难听,终于没绷住,顶了回去,现在人家告诉我,以后不要给他打电话了。这个……怎么办?"

像这种情况通常有三种选择:

（1）你去道个歉,给他个台阶下。

（2）你把这事儿跟你老板汇报一下,让你老板去道个歉.

（3）如果你觉得这项目本来就做得抓狂,趁这机会让这个甲方最好从此消失。（估计你也很快会在公司消失了）

输入这三个选择之后,发现这三个选择其实都很差,有着紧握拳头却恨铁不成钢的错觉。于是我按住微信跟老金对讲说道:"你怎么能忘记乙方大忌?绝对不能跟甲方吵架!这种情况一定不要让它发生!"

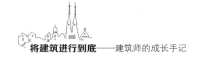

当我说到乙方大忌是"绝对不能跟甲方吵架"之后，大家脑海里一定会一股脑涌现出：若是甲方实在不讲理怎么办？如果甲方已经出口伤人在先了怎么办？若是他本身无情无耻无理取闹怎么办？

那再请跟我默念一遍："一定不要跟甲方吵架！"

如果讲理不成，已经有点火药味儿的时候，最好的解决方法是：回避，避免一切正面的冲突。

现实中总是出现这样的情况，多数的甲方都很强势，领导下达给他们的压力，会被他分压给项目配合所涉及的各个机构团队。而不可否认的情况是，有些甲方毕竟相对年轻，项目经验也比较少，对很多设计细节、棘手问题处理以及时间进度等方面的把控比较生硬，甚至简单粗暴。

当甲方把他对项目的理解以及建议传达给设计公司的时候，如果有些细节我们觉得明显不合理的话，也要客观理智地对待。即使此时我们的内心已经火冒三丈，但请一定要保持镇定。越到紧要关头，越需要理性地沟通。

通常此刻，你的内心戏已经是："这不可能啊？你当我是超人吧？当甲方怎么这也不懂啊？这样太费钱了吧？这是你们老板的意见吗？……"你所需要回应地应该是："嗯，你说的有一定道理，但我有这样的建议，ABCD。"

话说，跟甲方讲道理一定要列出一二三四、ABCD。条理清晰的建筑师才能有跟别人讲理的实力以及成功率。

如果对方仍旧非常坚持，就算你明知道这么做完全行不通，你也要迂回地回应：**"那好，我考虑一下，我的意见你们也谨慎考虑一下。"**我想，这时候，就算是终极大老板级别的甲方，他也不会闭门造车，也会在你们交流之后征询其他人的意见，深思熟虑反复揣度作再最终定夺。

况且，以我的经验。容易自己发飙的甲方，通常不是终极大老板，都是中层或者中层以下的员工，他们中间的一部分人因为内外的压力，做了夹心饼干，容易控制不住自己的情绪。而此时，如果你与他们短兵相见，实在是得不偿失。因为他们并不能决定什么，他们做的只是执行而已，犯不着发火。

终极大老板们都是些深不可测的主儿，几十年在江湖上什么没遇见过，喜怒怎会轻易形于色？**沉稳，遇事不乱，是我们乙方必须要练就的一项生存技能。**

有时候，你所在的公司苦心经营了好多年的关系，也许就因为你一时心急一时气盛，一句痛快淋漓的"你大爷"，为这段良好的合作关系蒙了尘，甚至无法修补。

咱们入了行，就早已不是一个人在战斗，什么项目都不是一个人能完成的，上到老板，下到团队小伙伴，都是乘同一艘船过河。任何情况之下，不能因为自己的一时气盛让小伙伴们几个月的努力都付之东流。

当然，我也遇到过特别让人无语的甲方，平时用鼻孔的那两个洞来看人，言语中透出轻蔑与不屑，也会有瞬间让我把修养通通抛在脑后，骂之而后快的冲动。在这种时候，我通常会深呼吸，问自己几个问题：

（1）这个项目重要吗？（对自己是否重要？对团队是否重要？）

（2）项目进行到什么阶段了？（如果已经配合得很深入，凭什么我要放弃？）

（3）团队里小伙伴们忙活多久了？（我不能让大家因为我白忙活了。）

（4）甲方的老板是不是对我们很认可？（得有人撑腰哈。）

（5）项目里的所有甲方中是不是只有他一个是异类？（不要因这条鱼，腥了这锅汤。）

（6）他是不是来大姨夫（妈）了？

好吧，一切无理取闹最终都可以用"大姨夫"来进行合理解释，这样从心理上便会理解对方，就不会与对方形成正面的冲突。

迂回、搁置、回避，智慧而有效地去解决双方的意见不统一或者争端，理智地面对分歧，是我们一直要修炼的个人素养。

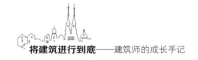

针锋相对时，适时分离。离开彼此的视线，离开谈话的情境。彼此冷静一下，心平气和了，才能更有效地解决问题。再说了，我们每天不都是在不停地解决各种问题吗？人生常态，工作常态，生活常态，不要拘泥于一处沼泽挣扎到底。

是的，我知道，有时候大家很受委屈，有时候话语哽在喉，就等着脱口而出爆发的那一刻。人总得需要一个出口来释放的，总得发泄是吧？但是，释放的前提是不要伤害他人，无论在工作中，还是在生活中。

话说，这个世界上，哪有甲方是专门跟建筑师对着干的呢？大家都是对事不对人，只是方法上各异。

成年人，有成年人解决问题的方法。

受到歧视或者鄙夷，就充实自己，让自己更加强大。

受到不公正的待遇，用法律的武器解决问题。

遇到意见不统一的挑衅者，冷静地沟通或者搁置争议。

遇到惺惺相惜，那就格外去珍惜。

46

后年终奖时代

请一定要相信，当你把热情投入给了工作，工作便不会轻易亏待你。

引子：我们班的几个不大靠谱的同学在微信里有个群，叫"放弃治疗八人组"，组内除了我们班学霸（当年年级综合排名第一）姑娘以外，其余相关人等全部年级排名二十开外。我们最近的核心话题，是关于年终奖。其中一个在龙湖的同学给我们晒了他在年会上获得的优秀员工奖。

我们问，奖品是啥？他大义凛然地说："还不知道，但希望奖品是个妹子！"

好恶俗哦，但绝对是他的心声。

每每年关将至，年终奖的话题总是来势汹汹。

有人说，他毕业一年，年终奖一万五，他的同学也刚毕业一年，年终奖七万；他最想知道的是这位同学平时睡觉吗？

还有人留言给我，他是做方案的，是按年薪制计费，来的时候，跟老板谈好，年薪二十万，但他这一年累成狗。他的同学只画施工图，平时也不怎么加班，施工图按量计费，年终绩效三十多万。他想"呵呵"。

有的留言更有趣：他在公司里专门做投标，公司内部有一个类似投标中

心的机构（大意是这样，只是没挂牌，人家叫方案创作中心，好文雅。）老板
对他司这个方案创作团队承诺，每中一个标，项目组每人奖励现金一万，立刻
到账。然后，这个创作中心上到主创，下到打杂，那工作劲头，完全可以拉个
标语"年前大干一百天，赚了钞票好过年"，全员热情高涨，背水一战架势十
足。

只要谈起年终奖这个话题，好像就没有什么人满意过，从来没听谁说过
"今年我们老板好慷慨，竟然发了这么多，我来年得好好干，对得起老板给的
这年薪"之类的豪言壮语。奖金这东西仿佛是无论发多少，永远怨声载道。

当奖金数额与理想中的数字有偏差的时候，员工们通常会有以下几种举
动：

（1）怎么发这么少？我每周工作五十个小时以上，怎么就发这么点儿？不
干了！于是新年伊始，开始忙着找下家，找到下家后，找个理由，跑路去了。

（2）今天整体效益一般，有一两个月闲着没事干，可能整体行情不好吧？
不知道王工、李工、林工这一年能多少？那个新来的赵工是不是拿到最多的
呢？估计也跟我差不多，唉，先这样吧，待着明年看看再说。

（3）老板怎么发我这么少？不行！我得找老板谈谈，是打电话谈呢，还
是发短信谈呢？要么直接约老板出来谈谈得了？跟他谈我得说我要提到多少钱
呢？他要同意还行，不同意的话，我明年还要不要干了啊？

（4）直接跟老板说：我对今年的薪水不满意。辞职！

（归类不全，自己补充）

大家的想法非常发散，表达的方式非常多。于是老板们为了过好年，想出
了一个新主意。年末发奖金之前，找每个人谈话，也就是说，发你这么多钱，
得给你个理由，你若不满意，可以当场提出来，共同探讨沟通。

老板们认为，这样一来可以了解员工所想，员工也可以了解老板所思，减少误解；二来，有效地避免了某些员工开春就不来了的尴尬局面。

于是，每年春节前的最后俩礼拜，一场声势浩大的心理咨询工作在设计公司展开了。终极大老板负责谈公司高层，公司高层负责谈部门负责人，部门负责人负责谈部门骨干，部门骨干再负责谈项组里的甲乙丙丁。

这两个星期里，但凡有个一官半职的主，都化身成心理医生，谈话谈得昏天黑地，不亦乐乎。有的关键人物，甚至要谈上个把小时才罢休。平时不善言辞的人，为了奖金的事也能与大家聊得颇有共鸣。年末的谈话，增进了彼此的友谊，加强了团队的凝聚力，甚至都能谈出一段风花雪月出来。

当然也有设计公司下放给人力资源部门去谈这事。人力资源一出马，事情就不太简单了。谈效益的同时，他们也肩负着"炒人"的重任，末位淘汰，适者生存，永远是设计公司保持旺盛战斗力的利器。有进，有出，可持续发展。

在这行干了十年，关于年终奖这块，我也找人谈过话，也被人谈过话。现在深深体悟出来，年终奖发多少，基本没有偏袒，干多少活，发多少钱；吃多少草，挤多少奶。老板们这个时候最不傻，都门儿清着呢。

"出多少图，发多少钱；中多少标，发多少钱。"其实并不确切，**最终影响你年薪只有四个字"能力+态度"。**

能力，包括：技术能力、工作能力、团队协作的能力；

态度，包括：工作态度、生活态度、与人共事的态度。

当然，如果你有一技之长，别人都不会，只有你会，那也是可以加分的。不过，在任何时候，千万别傲娇，人外有人山外有山，别以为你是一哥、这林子就装不下你了。谦逊做人、细心做事总没有错。

当然，如果你真觉得你拿的薪水与付出的汗水不成正比的话，是可以理性地提出来的，千万别说"我觉得那谁谁不如我，凭啥薪水比我高""我在这里

干了三年了，怎么薪水没涨啊"之类的话。

跟老板谈加薪，要把个人和公司结合着谈，才比较有意义，也相对有说服力。

比如：

（1）这是我今年做的项目年终总结，我参与了×××、×××、×××项目，我在这些项目中对公司有哪些贡献，我本人有哪些收获，明年如果有这种类型的项目，可以交给我做，我有一定的经验，我一定能做好。

（2）我觉得今年我在工作中，还有哪些哪些不足，我希望在新的一年，尽量减少类似XX事情的发生，规避XX问题的再度出现。

（3）拿出新一年的发展规划来，个人发展规划也行，但最好结合公司的目前情况，描述新一年的工作方向、个人及团队的发展设想，提出建设性的意见。

（4）最后说，我希望我的薪水能达到××，我付出的努力会让自己值这个数的高薪。

民以食为天，咱以薪度日。我们努力地工作，靠着薪水养家糊口，缔造美好生活。薪水高低不但反映了你的个人价值，也反映出你对于这个公司的价值。

请一定要相信，当你把热情投入给了工作，工作便不会轻易亏待你。

47

无间道

作为一名员工，忠于自己所在的团队靠的是诚信+信仰！而作为一个公司
的运营管理者，管理好你的图纸，是你的职责！

前阵子，我追了一个剧，港剧《使徒行者》。话说我为什么会喜欢看港剧
这种剧目，不奇怪。我是看港剧长大的，港剧，治愈系，解压神器。看完后会
觉得胃口大开，生活真美好。

《使徒行者》这部剧的点播率在优酷和爱奇艺两个网站创下了记录，作为
一个资深港剧迷，怎能错过？

故事情节跌宕起伏，看得惊心动魄，是一部电视剧版的《无间道》。

我的职业是个建筑师，在我们建筑行业，也有卧底，他们中间的一部分人
本意并不是卧底，但是却间接地成了身手不凡的谍中谍。

我每天会收到许多求职者的简历。但在某一天的清晨，一封求职信，让我
惊呆了！

简历的格式很普通，个人资料Word版，作品集PDF版。而当我打开这个
PDF的时候，呵呵！这个PDF并不是我们常见的求职作品集，而是该求职者在
上家参与一个重大投标项目的完整高清文本。我睁大了眼睛看了整个文本之

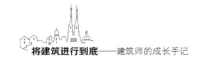

后，整个人都不好了。陷入深深的思考。

看样子这个小伙子目前还在职，可能是对此时的境遇不是很满意，想要换个环境来呆呆。但是：你就不能认认真真做一个作品集吗？是对上家真的不满？还是真的发错PDF了？

他的老板我认识，而且关系还不错，我犹豫了一下，要不要提醒这个老板加大力度管理好自己公司的设计文件，因为肯定不止我一家收到这个求职信。这个投标我没参加，但我真的为他捏一把汗。但是，最终，我没有这样做，我放了这个年轻人一条生路。眼一闭，邮件一删，就当什么都没看见吧。

很多年轻的朋友看到这里会跳出来辩驳：

"这有什么呀？"

"这个投标我参与了呀？"

"为什么不能当我自己的作品呀？"

"我拿这个出来求职找下家有什么不对呀？"

……

其实稍微有一点经验的朋友都会意识到这个问题的严重性。此次事件的核心诟病是：发来的是"投标整套高清文本"！这是一个项目团队所有人心血的结晶，不属于任何个人，这个性质非常恶劣。也许一个新人看到的，仅仅是一套文本而已，而对于像我这样有一点点项目经验以及公司管理经验的人，就能通过冰山的一角看到很多重要的信息。更何况是其他人看到？

如果我也参加了这次投标呢？如果对方是我长期以来的竞争对手呢？那我只能"呵呵呵呵"地默念："这回我们的胜算又大了！"

这不是一个无间道的故事，但这名即将离职的员工间接地当了一回卧底。

曾经有一个朋友跟我抱怨，他所在的设计公司参加了一个国际性重大投标项目，在交标后不到一个月的时间，完整文本高清版赫然出现在了某建筑门户网站的首页上。最后追查到上传人，居然是成都某设计公司一个所长。后经过交涉撤掉了文件，但是对方始终拒绝告知文件来源。

听到这里，我真的背后发凉。身边到处都是无间道，你永远不知道，自己苦心经营的设计成果，一夜之间便会飞向世界的某个角落。

很多公司已经开始注重保护自己的设计成果资料，各种加密，各种定时删除，各种听起来极为高科技的玩法。许多大型的设计公司因为吃过一些苦头，在这一块研发出了各种保护自己利益的撒手锏。

而仍旧有很多公司还在懵懵懂懂中，根本不知道自己的总图效果图在投标前夜已经流到坊间的各个角落，从自己的一亩三分地儿到专业配合公司、再到出图公司，层层关卡，防不胜防。

讲一个极端的案例，这个事情发生在某著名境外设计公司。公司拟定想要炒掉一个员工，做法是：在没有任何预示的情况下，找这名员工谈话，告诉不再继续聘用他，谈话内容此处省略一万字。谈话结束，员工回到座位后，发现自己的电脑都已经被抱走了。故事有点夸张，但正当防卫已经客观存在。

当然，说到底，我们加入一个团队，最基本的是要诚实守信。在过去的招聘里，我最看重的三样便是"人品+工作态度+业务水平"。说得更白一点，水平，都是可以培养的，有了"人品+工作态度"来打底，最终的发展，都会是良性的。

目前为止，还没有听说有哪家公司发现自己的员工是敌方打入内部来的正牌"无间道"，只是有时候，人们还是在不经意间当了刘建明或是陈永仁。

作为一名员工，忠于自己所在的团队靠的是"诚信+信仰！"
而作为一个公司的运营管理者，管理好你的图纸，是你的职责！

这两头把控好了，天下无贼。

48
建筑新媒体

朋友们给我留言："我也有一个微信公众平台,你能给我一些指导吗?"

经常有朋友们给我留言:"我特别喜欢你写的文字,你是一名优秀的自媒体人。我也很喜欢写东西,我也有一个微信公众平台,你能给我一些指导吗?"

其实我很惭愧,我不是一个自媒体人,我的本职工作是一名建筑师,而且是一个经常会陷入大兵压境需要我临阵不乱的项目负责人。我只是把我平日的工作、生活以及个人感悟记录下来。写作,是我给自己在忙碌中的一个出口。承蒙大家的喜欢和抬爱,受宠若惊。

而至于微信公众平台的运营,我也没想过把它做成一个什么产业,因为我知道我目前的主业仍旧是建筑师,我暂时不会脱离它。前段时间跟报业中运营新媒体这一板块的朋友们聊天,大家纷纷抱怨,自己做得很辛苦,领导们就只看点击量,点击量赤裸裸地戳在那儿,如果上不去,领导会在其他报业同行的面前觉得很没面子。

互联网上,点击量这事儿,说来玄妙,在这个唯恐天下不乱的世道,新闻界点击量最多的莫过于"锋菲复合""文马斗小三儿"之类的新闻,公众对这些问题的关注程度远比我们更应该关注的民生、社会制度等实际问题来得有激情。

这让各大官方媒体不惜放低身段，来迁就大众胃口，在自己的微信公众平台中写了一些与自己杂志风格大相径庭的文章。让我目前最大跌眼镜的就是某著名时尚类杂志的官方微信。这本一直以正能量辅佐广大职业女性追求完美生活的国际刊物，一直不遗余力地在新媒体板块用与杂志气质十分不符的文字和题材博眼球，例如，《如何安静做个小绿茶》《老婆出轨各国男人的表现》等让我匪夷所思的题目。

相比之下，建筑类的各权威媒体，一直体面地保有着自己的底线和职业操守，按部就班地经营着与建筑设计相关的精神食粮。

但有些问题还是不得不尴尬地面对，手机信息属于休闲类消费，当然，偶尔也掺杂点学习。大家在手机上的时间，对各种专业知识貌似兴趣不大，导致点击量远没有谈一些轻松愉快话题来的多。

比如前一阵子，我特别喜欢《建筑创作》官方微信推出的城市建筑指南专题，每一期我都认真地看，然后如获至宝地点击收藏。但渐渐地发现，这个非常好的选题，竟然点击率越来越少，这不应该啊！这不科学啊！

后来我研究了一下，内容没有问题，排版也较合适，就是用户体验感不是特别好：

（1）城市建筑指南中，特色建筑挑选还不够详尽，应该可以做得更全面。

（2）建筑介绍中的文字有点儿多，手机上都是速食消费，注明关键字外加简要说明即可，大家很难花大块的时间读字。

（3）城市地图不够直观，可以考虑图表结合。

其实还有一个第四点没有说，就是在新媒体这一块不得不面对的一个现实，大家对学术类的东西，关注热度不够。这不怪传统媒体，这是社会现象。就像《黄金时代》的票房只有四千多万，连成本的20%都没收回，而《心花路放》那类速食电影，几亿是打底的。

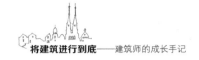

在这一点上，《建筑技艺》杂志在传统媒体中的新媒体领域已经异军突起了。但《建筑技艺》的成功绝非偶然。

讲一个小故事。春节那几天，在我忙着胡吃海喝，在所有自媒体、官方媒体都放假的时候，我竟然惊奇地发现我还是可以收到《建筑技艺》官方微信每天的微信推送。那时候，我问星星主编："你们不放假吗？"（那时候大年初一啊）。星星说，过年反正闲着也是闲着。

当时我很震惊，其实这不只是一个简单的"敬业"问题，也体现了一个传统媒体对新媒体的重视程度和关注程度。

《建筑技艺》在发布学术内容的同时，不时地来上那么一点轻松小幽默，让难懂的建筑专业文章，跳动在一片欢乐和谐的氛围中。事实证明，大众是接受的，是认可的。

传统媒体在选题上有底线，可以清楚地看出《建筑技艺》在这条底线上小心地平衡着。

提到新媒体的运营，不得不提到"有方"。"有方"是我非常欣赏并钦佩的一个机构，在建筑媒体中是非常神奇的一种存在。你说它官方，其实它是民间；你说它业余，它其实走的是专业路线。并且，明眼人都明白。在建筑类新媒体领域，有方的收成也是可观的。

按照有方空间合伙人赵磊的说法，有方是大家的。

曾经在坊间还流行着一句话："今夜，我们都是有方！"帮助有方做宣传就当是为民除害了；哦，不，是助人为乐了。怎么说好呢？就是每个人都想帮助它，希望它坚持并存活下去。

建筑类自媒体的佼佼者，"建筑师的非建筑"应该是首当其冲了，这是个几乎与我的"建筑之旅"同一时间出现的微信公众平台，哈哈，我其实是不能跟人家比的，沾点儿光哈。

关注"建筑师的非建筑"人都知道，这是公众微信的行业标兵，风雨无阻，从开办那天起，每天的内容排山倒海，从未间断。

有的时候，除了敏锐的市场洞察力，也许坚持就是胜利吧！

只可惜，罗小姐做不到"建筑师的非建筑"一样的坚持！因为又到年底，又要出图，又要努力追设计费了，写字的时光那真是奢侈。

而我，常常又无视微信的市场风向，固执地坚持写我自己想写的东西。

关于建筑师的工作，关于建筑师的生活，关于旅行，关于电影

自言自语，妄图文艺得掉渣，但有时候土得掉渣，大家帮忙接着点。

也许有些文章的点击率只有几千，但我知道，这几千人就是我公众账号里最忠实的听众，已经足够。

好吧，不扯。

我一直是传统建筑媒体的铁杆关注者，希望传统建筑媒体不要在市场氛围的影响下，失去自己，一定要坚持下去，因为这里有我们建筑师最想看的东西。

同时，也希望建筑类的自媒体也要坚持下去，因为我知道，大家白天在画图，都是在用最宝贵的睡觉时间，燃烧自己。

49
谁在控制建筑的最终完成度

这个时代给了我们太多的机遇,把握好现在,贵在坚持,虽有时我们无奈,但幸好,还有未来。

写这篇文章有个起因,几年前设计的一个项目这几天正在落架,三天一层地落,我的小心脏啊,扑通扑通提到嗓子。怕什么?怕落成效果不佳,怕外饰与理想中不同,怕施工质量有偏差,怕转角接缝让人家笑话。

先讲一讲我的背景,我毕业的前三年,专门画施工图,第四年开始介入方案前期,第五年开始从方案到施工图做全程。

我不是一个好的实习生,不是一个好的设计人员。很惭愧,我花了比别人多一倍的时间来成长,但我正在努力做一个合格的专业负责人,合格的项目负责人。(抱歉,又开始喊口号了。)

一个建筑是否能够完美落成,影响的因素其实非常多,我们来试着探讨一下。

一、项目的参与者

1. 甲方

在中国建设行业的大环境下,尤其在地产项目中,甲方往往是一个项目的最终决策者，我们首先不要想当然地认为甲方们都是啥也不懂，瞎指挥。

在罗小姐做的项目中，大部分的甲方是相当专业的，有的项目甚至可以说，是甲方和乙方在优势互补，共襄胜举。

一个项目所涉及的甲方人员不少，从老板到总建筑师，从项目经理到办事员，层级繁多。

不要放弃在任何时候对甲方洗脑，如果你不洗脑甲方，有一天必然就被甲方所洗脑，当他开始给你洗脑的时候，就是他要抛弃你的时候了。

八字箴言：星星之火，可以燎原。

2. 乙方

乙方谁在负责建筑的完成度？项目负责人。

项目负责人的职责不在这里赘述，他就是各专业设计的终端，并且是甲方的直接联系人及项目的责任人。

从项目负责人到专业负责人，从设计人员到绘图员，所担负的具体职责都会一点一滴地渗透在项目里。

再来五字箴言：龙头是关键。

二、谁是龙头？

建筑专业就是龙头，项目负责人的专业便是建筑专业。

那什么人做龙头？

设计公司的项目负责人通常是以下两种背景：

1. 做施工图的人来当项目负责人

这是大多数设计公司的普遍现象，术业有专攻，专门做施工图的设计师，施工图经验丰富，他们来当项目负责人是那么的理所当然。

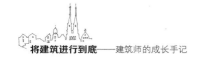

但根据我的经验，完全而彻底施工图出身的项目负责人（基本没做过方案的），都很大手笔，对方案阶段的改动是很敢动手的。说白了，真是敢改啊。方案深化后的样子，有时候已经惨不忍睹。

当然，我非常理解，项目的过程中有着这样或者那样的特殊情况发生，能否合理地解决这些问题，是要看项目负责人的道行了。施工图出身的项目负责人有他的特长，施工图经验丰富，密密麻麻全是业绩。但涉及在建筑功能上的修改，有时候，不如做方案出身的建筑师改得圆满。

2. 做方案的人来当项目负责人

嘿嘿，这类项目负责人有时候有摆设的嫌疑，施工图的专业负责人包揽了一切，并且，有时候，当项目负责人签字的时候，发现，怎么都改成这样了？此时，专业负责人再如说书一般地把前因后果描述了一遍，方案项目负责人恍然大悟，但为时已晚，各专业准备出图，回天乏术。

3. 到底谁来做龙头

最佳项目负责人应该是有多年方案经验以及施工图经验的人。当然，这样的人非常的少，相当于恐龙活化石般难找。所以，有时候的权宜之计就是：方案、施工图负责人共同来做项目负责人，互相督促，互相制约，成就大业。

三、传说中的专业负责人

在控制建筑的最终完成度方面，专业负责人可谓是相当的重要。这对智力、毅力、体力的要求都极高。此人的选定，甚至决定着施工图质量的成败。（这个评价可能有些过了火。）

专业负责人面临的机遇与挑战：

1. 建筑

首先，专业负责人到底要不要画图？

听到很多人抱怨，人家啥啥院，专业负责人只负责专业配合就够了，根本不画图。从我个人经验来说，专业负责人不适合画大量的图，但总平面图最好由他来画。

其次，在漫长而纠心的专业配合中，建筑专业的每一处修改必须慎之又慎。

知道为什么要改？

什么时候改的？

到底是不是必须要改？

在这里我要说一下，建筑专业不是不愿意改图，每一次因为专业配合上的修改，都有可能会对建筑的最终落成大打折扣。建筑方案确定之后，到施工图配合中的每一次修改，很多时候都是被迫而不尽如人意的，改得心都在滴血，不是我强势，这是建筑师的职责，在保证房子不塌的同时，我们要有自己的坚持。

2. 结构

大家都知道我总黑结构男，其实在实际工程中，结构男是我们亲密的伙伴，他们大器不言，兢兢业业，衣着朴素，行为低调，跟我们这些性格乖张的建筑师比起来，真是业界劳模。

但，劳模归劳模，斗争，永不停息。

"你这梁到底要不要做到1m高啊？不做到1m高会死吗？搞这么多剪力墙干吗？哪里超限了？这么方正怎么连个5m都挑不出来啊，不多那根柱子会怎样啊？会怎样啊？！"

好吧，低调。大家要对结构男有信心。要相信他们，只要你设计得出来，他们就能搞得出来，以不变应万变，以真心换真心。

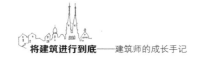
3. 设备

一切反动派都是纸老虎（纸老虎们请不要生气）。在跟设备专业的配合中，我觉得是有规律可循的，而且跟与结构专业的配合比较，相对容易。但当我今天看到主楼山墙上、暖通男挖的小洞现实版之后，非常懊悔，要是当初我再坚持一下，再努力一下，态度再强硬一点，让暖通男把那些洞挪走，我看到的一定是干净利落的山墙。

跟顾问公司的配合，又跟设计院的内部配合不太一样。设计院终究都还是自己人，顾问公司仿佛是甲方的保姆，从项目的前期一直到竣工，一直服务在甲方左右，请脑补一下明星身边的贴身助理。当然，他们也是非常专业的。我们常在一起开设计配合协调会，建筑师、结构顾问、机电顾问、景观顾问等一大堆顾问在一起互相叫板，哦，不，是互相切磋而已，以武会友嘛。

其实项目配合是一件很好玩的事，我从来不把它当成一种麻烦，久而久之，便会乐在其中了。

四、不可忽视的二次设计

一直有人问，我们做建筑的，管那么多干吗？我一直在很多场合强调二次设计的重要性。二次设计包括景观设计、内装设计、幕墙设计、智能化设计等一大堆土建完成后的附属设计。

曾经的一个项目要做夜景工程二次设计，国内几家智能化公司参与投标，其中一家公司找到我，打印出夜景工程效果图给我看，我问他，为什么来找我？他告诉我说，甲方让他来找罗工，罗工说好就是好。我们自己的项目都会跟踪到二次设计，不得不承认，有时候满腔热血也会毁在一个令人发指的花池上面。

建筑材料的设计应用是体现一个建筑最终完成度的重要标志之一。是的，建筑师至今无法强势明确地指定某种建筑材料的品牌，但材料的选用和二次设计跟进是建筑师的职责。

我曾为了一块中空玻璃的条形喷涂效果，和玻璃厂商实验了数十块 30cm×30cm的小样。每一个建筑师都希望给自己的设计披上一件道骨仙风的外衣。而后续故事是，我跟厂商配合了半天，厂商嫌我太挑剔，直接跟甲方把这个事给定了，真是直中靶心啊，定完了只是通知了我一声。呜呼！

有些外饰看小样还是不错的，上墙后完全不是那么回事，如果大面积的铺开，简直就是悲剧。但有时候我们还是肉眼凡胎，在练就火眼金睛的路上，我们需要配好多副隐形眼镜。

其实这个题目哪是几句话说的完，以上四条远远不够的。很多经验，我也在实际工程中不断的积累，有时候，摔了跟头，才知道，应该这样，不应该那样。

这个时代给了我们太多的机遇，把握好现在，贵在坚持，虽有时我们也很无奈，但幸好，还有未来。

文章旨在切磋，前辈轻拍。

世界很小，温暖常在。

50
建筑师的风水论

有时候，冥冥中总有一些提示。

壹

刚参加工作时，设计院一排隔间坐三个人，我的左边是个结构哥哥，右边是个结构姐姐。很多很多年过去了，结构哥哥和姐姐分别成了两家设计院的院长，舞动着战斗大旗，指挥着精良之师大刀阔斧开荒垦地去了。

我乐不得地寻思着按照这风水，我将来是不是也会有那么点儿意思，没准儿也能当个院长？猛然想起结构哥哥曾对我说："你来之前，坐在你座位的这个前任，后来是个作家，他叫潘海天。"

听原先跟他一起工作的人说，潘海天是写科幻小说的作家，这种题材段位太高，我没怎么看过，我是那种连《故事会》都能津津有味地细细品读个把小时的人，看故事，也就基本在这个水平上吧。

潘大角是设计院里的奇人，听过潘大角的很多传说，但当我出道时，他已离职远赴上海去当科幻杂志主编了，而无缘见到大角本尊。

其实潘大角写科幻比他当建筑师早，写作是他的灵魂，而作建筑师只是他暂时谋生的手段之一。有时候在街上会有好心人给我指，你看，前面那座正对着马路中央的蓝哇哇的房子，就是他设计的。我啧啧惊叹，连房子都设计得这么科幻，真人一定更科幻。

贰

几年前，公司组织去日本旅游，正值樱花季，莺歌燕舞，落英缤纷。我们一路上吃着刺身，品着寿司，忘乎所以。而罗小姐头回到东瀛，看什么都新鲜，一路也嘻哈摆拍得不亦乐乎。

国人的特长之一，就是出国必买奢侈品，看着同行的设备中年男同事们一路上跃跃欲试，争先恐后地豪置万金来砸表，我不禁深深地感叹，平日里叽叽歪歪，连个井都要跟我掰扯半晌的设备男们真是豪爽接地气儿哈。看着大家都大包小袋地满载而归，真是一幅祖国繁荣昌盛，人民安居乐业，购物指数人人爆棚的幸福写照。

同行的有个男同事，是个工作多年的建筑师，为人质朴腼腆，不太多话，用现在的眼光来看是标准的实干型。他没有像其他设备男一样，给自己买表给老婆买包（无贬义哈，人家设备男干得漂亮），而他却长驱直入电器免税店精挑细选了一个电饭锅。

由于旅行行程刚刚过半，我就笑话这位男同事，大老远花大几千块买了个锅，一点儿都不高大上，还特别沉，一路玩到哪儿就拿到哪儿，何苦呢？

其实我当时并不懂，后来才幡然醒悟，日本生产的那些乱七八糟的东西，电饭锅什么的真的牛的不得了，同样的米，用牛的锅，做出来的饭就是不一样。当然，国内也有卖日本原装进口的电饭锅，就是价格嘛，实在高得离谱。

人家是个实在人，懂得穿衣戴帽均乃身外之物，民以食为天，吃到肚子里的东西，矫情一点儿，讲究一点儿，永远不会错。

后来男同事离职，占山为王，落草为寇，立杆大旗，招兵买马，自己开公司自己当老板。然后就一直中标一直中标，经我多年研究，跟他买了那个锅有关。

叁

一个投标的主刀建筑师在项目的全过程中，有两种场合是必须亲自出马的。一次是看地，一次述标。

述标这种事大家都懂，别管项目的过程参与多少，汇报时，一哥必须出场。老大不上，很难拿下来的。当然我也见过有竞争对手，派他司美女建筑师出场压阵的。但这种情况风险较大，因为江湖地位这种东西，不是一天两天酝酿得出来的，那都是几十年的道行哦。

说到看地，这项工作也是要主刀建筑师亲力亲为的，任何人也替代不了。

话说一块荒草丛生的大平地到底有什么可看的？最开始我也不太懂，就跟着一大帮人一起看呗，人家看啥我也看啥，我看地，地看我，跟相面似的。看了半天，拍了一堆照片，回来煞有介事地做一张场地分析图，齐活儿。

后来跟着主刀建筑师看多了，也慢慢悟出点门道。地形图上的高差实地到底在哪儿？走势？朝向？有无高压线？高压线的电压？四周东南西北现状建筑的情况？四周有无公交站？交通枢纽的人流导向？周边道路的现状？场地内有无高大乔木？有无鸟窝？……

打杂那会儿能把这些看全就不错了，回来拿着现场照片再一一查缺补漏。

看地时，拍照片这项工作是有窍门的：别花时间去拍那些无用的一草一木皆有情的艺术照，影像的留存最关键还是一个"全"字，有些角度，你在看地时并不能意识到它的重要性，回头再想重拍困难重重，所以要尽量做到三百六十度无死角的环绕扫射就对了。

我们瞬间化身联邦调查员，或宛若一个在凶案现场巡查蛛丝马迹的探案高手，黑衣礼帽一丝不苟。

看地，有时候也会遇到很多玄妙的事。曾经有一个项目，打从开始就不太顺利，自打决定要去看地，第一天阴天，第二天下雨，第三天下雨，第四天天降大雾。果然，那个项目后来没有善终。

而有时候去看地，看似不经意选的一天，万里无云且不说，走在场地里，顿时觉得神清气爽，足下生风，冥冥中有一个声音告诉你：这个项目就是你的呀，就是你的呀。

有的时候，看地时的一些突发状况，让我断定这个项目我一定能中标。比如某天，我足下一滑，踩到了一坨大便。

肆

建筑师大多都穿黑色，但如果你要执意认为建筑师最喜欢的就是黑色，那可真的被我们的外表所蒙蔽了。黑色是我们的盔甲，是我们的战袍，是我们的保护色。建筑师自己最了解自己，其实我们的瓤儿是彩色的。

曾经有个竞争方的项目负责人，平日里的服饰内敛低调，但每次出现在交标现场时，必身着大红大紫闪亮登场。而神奇的是，只要他一袭锦衣出现，他司中标的概率就大大提高。作为一个成长在唯物主义红旗下的我，对如此奇事，感叹不已。

其实每个建筑师都有自己的幸运色，而在那些重要的时刻，我们总是在身上最隐秘的地方穿戴上它们。

所以，当你看到某大型建筑界盛会，建筑师们一袭黑衣悄然而至，黑压压一片，宛若整个厅堂都乌云密布，殊不知，也许他们的内瓤异彩纷呈，隐约间藏匿着：大红色的内衣，柠檬黄的背心，翠绿色底裤，亦若怀里揣着湖蓝色的荷包玉带……

一抹跳跃的颜色，一枚小小的配饰，一支跟随多年的笔都可以作为我们内心深处重要的一道底牌，我们相信这些东西会给我们某些指引，并固执地认为只要戴上它就能带来好的运气。这不是个秘密，因为每一个建筑师其实都有一颗热情、灼烧、热爱生活而又不甘寂寞的心。

51

三个五年计划

我把一个年轻建筑师的成长分为三个阶段："龙套"期、主创期、实现自
我价值期。

周日，下午，泡杯柠檬水，写字。

其实一直想写写建筑师的三个五计划，但一直不敢下笔。一是因为，我还
年轻，没有太多资格去评定；二是因为我写的路，不一定是你要走的路。

建筑师也分为三类：普通建筑师，文艺建筑师，那什么建筑师。以下文字
仅且仅针对于普通建筑而谈，至于另两类，道行太高，恕小女子目前无法定性
和驾驭，待以后研究透彻后再尝试分析解读。

抛开普通建筑师中的一小部分，如某些人有强大的背景；再抛开其中的另
一小部分，如旷古绝今天生奇才。大多数一穷二白的我们，还没真正弄清楚建
筑这玩意儿到底是怎么回事，就这样踉踉跄跄地走上了各自不同的建筑之路。

一部分的我们，进入了大型航母设计院；一部分的我们，进入了各种名
不见经传的中小型设计公司；一部分的我们，进入了的外企；还有一部分的我
们，当了甲方……

**我把一个年轻建筑师的成长分为三个阶段："龙套"期、主创期、实现自
我价值期。每个人的这三个时期长短不尽相同，我们暂且把它们均分为五年。**

一、"龙套"期——韬光养晦的五年

做"龙套"也要当一个好"龙套"。

我们在工作中扮演着各种角色，虽然我们都想当"影帝"，但没错，刚开始都是些底层的小角色，换句话说，"龙套"。

进入一个公司后，你会被领导主观地分配到做方案或是做施工图，经常有人问我，刚毕业是做方案好还是做施工图好？这种问题在工作前三年之内不用考虑了，因为这三年间，你就是个"龙套"，应该想的核心问题是：如何当一个好"龙套"。

（1）以最快的速度认识所里（小一点的公司范围就是整个公司）的每一个人，准确地叫出他们的名字，正所谓小区域的人脉。

（2）积极参加全院全公司组织的各种活动，正所谓大范围的人脉。

（3）你的负责人上班之前你必须先到，他走之前你绝不能走。（如果你以后想成为他的话。）

（4）以最大的热情研究你这个部门主要是做什么的？优势是什么？你会些什么？不会些什么？

（5）每一个你身边的人，都是你的老师，都有你学习的地方。你会在你的小范围内发现五年后的自己，十年后的自己，二十年后的自己。

（6）认准一个目标，一个五至十年的自己，看看他的轨迹，向着这个目标去努力。

（7）"龙套"的几年，是学习的几年，认真学会各种可能学会的技能，努力研习别人不会的技能，机会都是给有准备的人，有了机会，你就会脱颖而出。

（8）少说话，多做事。嘴甜这种事不是一个"龙套"的本职工作，做好手中的事，上天会眷顾努力的人。

（9）尽可能地仔细，每一张图画完以后，懂得自校的人才有提升的空间。

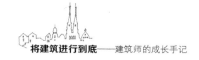
（10）手上的工作情况及时反馈，建筑设计实际工程中不是靠"悟"，而是靠"沟通"。

二、主创期——迅速成长的五年

工作五至十年，是一个建筑师经验积累的重要时期。随着年头的增加，你的项目经验会越来越多，而自己的职业定性也越来越清晰。现在，你可以考虑，"你到底是要做方案或是要做施工图"这个亘古不变、老生常谈的话题了。

在这五年中，

做方案，就奔一个目标：主创；

做施工图，就奔一个目标：专业负责人。

主创，即艺术家；

专业负责人，即吵架专家。

以下是一个建筑界"吵架专家"的必备技能：

（1）做项目最重要的一点不是手法的高大上，也不是概念的新奇特，而是控制。

（2）在这几年期间，一个项目不是由你一人完成的，你通常要负责很多部分，甚至全过程。这是一次将项目管理植入建筑设计中好时机。

（3）作为一个主创，除了"创"之外，你的责任是要控制好项目组每一个人每一天的工作安排，不让任何一个人掉队。

（4）你会发现你的脑袋连轴地转，最后轴都锈住了。锈住了没关系，上点机油。

（5）作为主创，你除了安排项目组里的人以外，还要面对你的上级。你的上级有可能是所长，有可能是总建，你要有心理准备。无论他们提出什么意见，你都要保证项目的按时完成。（我这里说的是按时完成，请注意。）按时完成是基本，完美程度靠水平。

（6）施工图的专业负责人是一个很有意思的岗位。白天，各种会议，各专业围着你吵架，真正的画图时间，是在晚上六点以后。这是专业负责人的职业操守，勿抱怨。

（7）多专业配合时要放低姿态，建筑已经是龙头专业了，其他专业配合我们是他们份内的工作，不需要以不必要的言论给其他专业造成误解和反感。

（8）保持与上级的沟通，保持与业主沟通，你的某一决定直接有可能让项目组里的人瞎忙活一星期。

（9）有一部分人，在这个时候，真正地开始接触业主了。记住一条，无论什么情况，一定不能与业主有正面的争执，这是业界良心。

（10）不要孤注一掷地认为业主都不懂，每一个业主无论是煤老板出身，还是海归博士，他们都是我们的伙伴，都是我们的朋友，我们在一起是做项目，携手同行。

三、实现自我价值期——全力加速奔向梦想的五年

十年是一个建筑师的重要转折，大部分人已经成为注册建筑师和高级工程师。自此，一部分人转行去做了甲方，一部分人去当了人类灵魂的工程师，一部分人另起炉灶当了老板，一部分人成为项目负责人、工作室主任、所长等……从技术岗走上了管理岗。

埋个伏笔，这个阶段罗小姐正在摸索，好的坏的错的对的，由时间和事实去说明。或义无反顾，或咎由自取，或面露喜色，每个人都有自己的人生，经历丰富了我们生命。

给自己列一个新的五年规划，关于创业、关于你想要的生活，然后，排除万难、不遗余力地一条一条去实现它吧！

52
给自己一个年终总结

及时地整理与总结，让我们从一团乱麻中挣脱出来，理性并从容地面对
各种问题。

2014年末，我在互联网上发起了一个活动，给自己一个年终总结。很多朋
友都积极热烈地参与，我在微博上筛选了一百个年终总结与大家一起分享。

这一百个年终总结中，有留学生，有还在建筑之路上挣扎前行的年轻人，
有工作十余年的项目负责人，有立志找个如意郎君的结构姑娘，有隐忍的甲
方……大家都沉下自己的心，在年关将至之际，回顾自己的一年，写下了一段
来时路。

作为一个资深的笔记控，我从2008年开始写年终总结。这种总结不像是工
作中写给部门主管的那种"今年做了什么项目""有哪些业绩"之类的条目，
也不是任何人或者组织要求的，而是完全发自内心地要记录一下在这一年里亲
身经历的有价值的事。

起初的格式很规整，就是以月份为单位，记录出这一年十二个月里发生
的有意义的或是对自己有一定影响的大事件。连续写了两年，每年都精挑细选
十二件。但随着年纪阅历的增长，渐渐发现十二个月十二条，不能完全装下年
终总结的全部内容，于是我开始写微博。

微博的字数限制是一百四十个字，我以日记的形式几乎记录了工作中发生的每一件事，记录了我从设计人员到专业负责人再到项目负责人辛酸而有趣的历程。有些东西，实时记下便记下了，过时再补已经没有了彼时的心境。看着过去的文字，就像看到一个执拗而倔强的姑娘在万丈红尘中跌倒爬起，再跌倒，再爬起。

微博的记录也给了我许多意想不到的收获，微博中很多情节的记录时间都精确到某一天的几点几分，这让我可以很清晰地搜索整理出来，哪一天、哪个项目报建完毕，哪一天、哪个项目施工图审查通过；哪一天、哪个项目去规划局上会，哪一天、哪个项目与酒店管理公司沟通并提出哪些修改。

对关键的时间节点的记录有多么重要，大家懂的。

在2013年的末尾，我开始把这些由一百四十个字组成的琐碎工作小记整理成章，即是那个被大家所熟悉的《一个女建筑师今年遇到的110件事》。这其实是一个普通女建筑师一年来的工作日志，这里有一百一十个小故事。

我渐渐地明白，年终总结并不一定非要等到年末才写，像完成任务那般一板一眼；它可以存在于我们生活中的每一天，每天的总结，每月的总结，最后归纳成自己的年终总结。这样，降低了遗漏的概率，也让年终总结不只是一个仪式。

总结的形式可以很多种，文字、图片、影像都可以，我们无须做到各种设计类"手账"中把总结演绎得美轮美奂，总结的实质其实就是记录。

一、以时间为单位

日总结→周总结→月总结→年终总结。

以时间为单位的总结最容易上手，也最有规律性。它的特点是周期明确，清晰明了。但记录难点就是须持之以恒，这个其实非常不容易做到。

以时间为单位的总结是需要循序渐进的，每天，哪怕花十分钟的睡前时

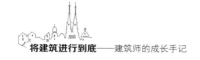

间，记录一下今天的收获，今天遇到了什么重要的人，今天发生了哪些值得一提的事，经验与教训，学到了什么东西，哪些失误可以避免，哪些弱点有待加强。

每日睡前的总结不需要太严密的逻辑性，甚至不需要深刻的思考，只是记录，记录下来，日后真的用得上。

周总结和月总结需要一定的整理和筛选，周总结需要过滤掉日总结中的糟粕以及没有意义的事，而月总结即是再一次对本月大事件进行一次系统的整理和提炼。**纯记录是日总结的工作方式，而思考和整理便是周总结与月总结的灵魂了。经整理提炼出精华，经思考决定继续前进的方向。**

时间对每一个人都很宝贵，有的时候，我甚至希望如果人能够不睡觉，这样每天可以多出八小时来做更多的事情。我们努力规避花时间在无用的环节上，目标明确、有的放矢地前进，这对永远觉得时间不够用的我们如此重要。

而年终总结除了对月总结的再一次提炼之外，还肩负着更深层的思考。这一年，我有没有达到期望的目标？我的核心收获是什么？我要安于现状还是要改变现状？我未来的一年要怎么做？

记录与总结除了是一种工具以外，更是我们思考的过程，我们从粗浅的思考到深层次的思考，这便是去粗取精、去伪存真的过程，真实而有力。

二、以项目为单位

除了以时间为单位之外，我们仍可以以项目为单位进行总结。一个项目由开始到结束，记录与总结贯穿于全程，尽量做到全面和完整。因为在项目的起承转合中，细节记录的精准，往往会给我们带来及时而有力的帮助。

项目负责人都知道有个词叫"项目存底"，我们常在堆积如山的各种文件中，掘地三尺地寻找一份如项目某阶段的批文。于是在"项目存底"这个细节上，我常用以下形式整理并进行总结：

（1）从项目前期开始，与项目相关所有人（甲方、乙方、政府主管部门、消防、人防、审查、二次设计配合第三方等）甲乙丙丁名片陆续拍照扫描存底。

（2）专业配合时所有书面提资、各专业老大签字确认存底。

（3）项目全过程中，与业主、施工单位、材料厂商等每次往来文件扫描存底。

（4）项目往来的邮件、短信、微信，随时截图存底。

（5）项目节点会议，会议纪要双方确认盖章的文件、重要会议手机录音存底。

（6）重大修改后及时明确后续进度与出图时间，双方确认盖章的传真扫描存底。

（7）项目各阶段批文、审查报告、流程等节点资料存底。

（8）每一次项目图纸变更时间、原因、过程及内容全面存底。

……

以上这些记录、整理、存底并非只限于甲方和乙方之间。内容虽然看起来烦琐得很，但这代表着一种严谨的工作态度。我们的精力有限，也不是超人，无法光用脑子便可记下来所有的事情，有时一个会一开就是数个小时，我们无法完全记录下每一个细节，及时地整理与总结让我们从一团乱麻中挣脱出来，理性和从容地面对各种问题。

我喜欢以自己的习惯记录与总结，年终总结是，项目总结也是。

这是我的工作方式，也分享给你。

我们需要拥有一个理想，然后量化理想，再通过各种方法排除万难去实现理想。

┃罗小姐·小事记 F┃

■ 大年初六的晚上，团队里一位成员打电话给我拜年，并告知我明天及以后所有的明天他都不会出现在办公室了。 同时感谢我一年来对他的循循善诱谆谆教诲，他说他将受益终生。在我被捧得快要忘乎所以的同时，隐约感觉到，让他受益终生的可能是我法海的外表妖孽的心。

■ 又是一年设计院"转会"大潮，滚滚潮水，面试一波又一波，能人异人比比皆是：有做住宅做腻的想来锻炼锻炼做公建的，有毕业一年就要月薪一万的，那些毕业三四年的恨不得把我直接取代了的……就这样的人，稍微晚回复两天，就马上被其他公司招走了，现在的人力资源市场真的让人无所适从。

■ 我近日来一直忧伤的原因之一是，今年除了一个五星级酒店以外，我负责的项目都是在荒郊野岭，月黑风高，犹如聂小倩宁采臣约会的不毛之地。转念一想，李晓东老师"桥上书屋"项目的选址不也是走倩女幽魂道道道的路线吗？一想到这里，荒郊野岭就变得格外香艳起来。

■ 设计院最大的特点是：一到周五，一周最忙的时候就到了。尤其是下班前一小时，忙碌指数达到峰值……并将稳健地持续到未来两天。

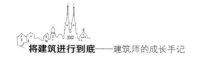

■　每次停车在机场地下室，脑海里就闪出一个念头，就一个地下室，就排个一千多辆车，五百万设计费，当初竟然让别人给中了。（当爱已成往事。）

■　建筑师是不研究招商的，三年前第一个城市综合体汇报，参加会议的乙方：我一个人；甲方：设计部、策划部、营销部加起来十六个人。没有人生下来就能舌战群儒，那天我早晨五点半起床，站在阳台对着鱼缸汇报了两个小时。

■　有个老朋友，每次投标正面交锋，最终都只剩下我们两家终极拼杀，这些年胜败参半。一次我们的项目在规划局上方案评审会，恰轮到对方老板当评审专家，参评的正是投标时他们惜败的项目，他竟忘情地拿手机对着投影拍起照来。感谢最强劲的对手一路相伴，在风雨飘摇中见证彼此的成长。（英雄弯下小蛮腰。）

■　我的前专业负责人现在已经是某公司总监了。一日他问我："×××来我们公司应聘，她以前在你那儿实习时表现怎么样？"我迟疑了一下："一般吧。"前专业负责人心领神会："懂了！"……后来我稍稍有些后悔，也许因为我这句"一般吧"，她失去了一份工作。（保佑她现已嫁入豪门衣食无忧。）

■　周五下班前，招呼不打一声准时踩点儿撤退的；每天上班的头十分钟，不干正事习惯性浏览网页的；领导安排任务后，不懂也生挺着死活不问的；上班戴着耳机，喊一百次都听不见的……你凭什么质问，为什么别人的薪水比你多一倍！

■　自打过了年，手机就成了热线，清一色的地产公司猎头，我分别仔细地询问了不同品牌、不同战略部署地产公司的不同职位年薪，倒吸了一口冷气。现今大环境下，设计公司靠薪水留住建筑专业人才已经没什么竞争力了，能留在设计院的高级专业人才，要么是真心爱上了建筑，要么是真的爱上了公司。

■　同学感慨地说，他这次投标的竞争对手是我们的大学老师。没错，作为建筑师，投标中我们会遭遇各种角色：同学、老师、前任、现任、现任的前任、前任的现任……前一晚我们也许还睡在一张床上，第二天就代表不同公司述标去了。拼实力，拼演技，做影帝。做方案是一条不归路，走进的那一刻，就无法全身而退。

■　我给项目组里的小伙伴们放假调休，大家都很不好意思，要求上班，我好说歹说一一哄了回去，并叫嚷着："明天都给我放假，手机都给我开着。"说着说着，眼泪打转。整整一个月，从没有一人跟我请假，也从没有一人跟我抱怨。人和人相遇是缘分，没有谁生来就亏欠谁，大家，都是为着同一个念想不断前进。

■　提起设计院人才流失的窘境，我想起件事。几年前，龙湖地产提四十万年薪挖我（虽然我现在已知道四十万在房地产公司那真是小意思），因为职业定位以及个人追求，尚未考虑转型做甲方，于是婉拒。试想国内广大设计公司是否能对那时才毕业五年的丫头片子开出如此高薪？而后不久，我的兄弟姐妹们前赴后继地奔向了龙湖。

■　我是一个计划性很强的人，读书时，我是班里唯一没熬过夜画图的（当然，谈恋爱另当别论）。跟我一起做项目的同事则必须适应：快节奏的进度、高效的工作、频繁的进程会议。我必须要控制项目进程中的每个环节，跟

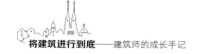

我合作过的甲方大多深有体会。一个项目排布到具体每个人每小时要做什么，做到什么程度。

■ 同事做一个小学投标，初期做了两个方案，让我帮忙判断定个方向继续发展，我选了其一，并告诉他；我从来没做过小学，我的意见可能与真相截然相反。于是，他朝着另一个方向大踏步地前进去了，十天后，他中标了。

■ 我只要是去公共建筑里办事，哪怕是面积只有几千平方米，我也有绕场一周的职业习惯。这回是去交管所，又恰逢碰上个20世纪90年代的老旧建筑，真想紧紧握住交警同志的手说："这办公环境太差了，真委屈你们了，你们这儿有基建科吗？你们打算什么时候盖新楼呀？邀标还是公开招投标呀？"

■ 我承认我对团队里每一个人要求都很高，只要我在办公室里，项目组中的每一个人都能感到无形的压力，我一刻不停地推进着我手里的一个又一个项目。我也很想跟大家闲聊瞎侃什么样的电影好看，什么样的爷们儿中用。但是我工作的年头也不长，我有太多的东西需要控制和学习，我有压力。

■ 几次做商业综合体，不免会遭遇各式鱼龙混杂的商业策划管理团队。建筑设计公司眼中的他们，往往是："这帮死骗子，没文化！"而他们眼中的我们又是："这帮死画图的，没文化！"我一直努力尝试着走进他们的世界，我很欣赏他们让商业建筑附有更加赤裸裸的价值体现。高手低手，过招便知，双赢的宗旨让我们惺惺相惜。

■ 从前，一个男生跟我画图画了一年。一次，我安排他做综合体内五千平方米影院的详细布置，他犹豫地告诉我他没怎么在影院看过电影不大会画。去年圣诞节，我送他一张万达的电影卡，里面有可以看六场3D电影的余额。两个月后，在我最需要他的时候，他撂挑子不干了。（我本将心向明月。）

■　其实我一直认为，热爱建筑，不一定要把建筑当成谋生的手段，也不一定非要历尽千辛万苦投身于它，爱没有那么高的门槛，爱的形式也很多。就像女权主义先锋们常说的"爱一个人，不一定非要拥有他"，也是这个道理。

■　一位热心网友在看了我许多文章之后，对我劝诫："你每时每刻都在提建筑，人生不能只有建筑。"我回复道："当然不能只有建筑啊，还有更刺激的哦，比如，买买买买买买买！"

■　坐早班飞机与当地施工图设计院交接，这又是一场与平均年龄四十岁以上的各专业负责人的拼杀与斡旋。这场面已不是第一次，各种临场棘手问题早已处理得游刃有余。当年那个被各专业逼得哑口无言、被各种底层甲方小项目经理遛得团团转的女孩早已一去不复返。（罗总的时代真正到来了！）

■　感谢所有人生的际遇，感谢从业路上帮助我成长的人们，让我有了虽然艰辛、但满怀希望的明天。

后 记

一天，看图，地下商场的图纸。给某小朋友讲商场的扶梯长度和地下车道的画法，很基础的。我把快速计算扶梯长度与车道长度的窍门告诉小朋友时，小朋友有一丝惊讶，这个姐姐怎么能算这么快？

其实这个姐姐在刚出道时画了好多的扶梯大样以及车道大样。画到什么程度呢？快画到地老天荒了。但她在画这些大样的时候，从来没有放弃过自己的理想。

她一直有一个念想，并且这些年来一直朝着它努力，全速前进。

每当我遇到困难，走不下去的时候，我总会告诉自己：我今天的一切都来之不易，我不能简单地选择放弃，我必须在逆境中求生，在困顿中饱含希望，在顺境中审视前路是否还有彷徨。

于是在某一天，我拿起一支笔。

每个建筑师都有一支笔，用来画图；建筑师其实还有一支笔，用来写字。我一直相信文字如建筑般具有自己的生命力，这种生命力顽强坚韧，将所有无形的想法幻化为有形。一支写作的铿锵之笔，犹如一面旗帜，可以在思想的困境中拉自己一把，让我们将建筑进行到底。

这本书集结了我这几年的细碎文字，都是平日工作中、生活中的一些小记忆。

虽然文中的一些小方法，如今看来处理得仍不够成熟，但的确是我这些年成长的足迹。深一脚，浅一脚，踉踉跄跄，匍匐着前进。

写字的这几年，微信公众平台上、微博上有很多朋友陪伴我一起成长，大家把自己的经历告诉我，让我有机会成为树洞，我看到了这个行业里千万种不同的人生，也感受到了大家给我的莫大信任。

原来我不是一个人在战斗，在我的身旁，在不同的空间里，几乎所有的青年建筑师们都在朝着自己的理想而奋斗。

插图来自匠人无寓的笔，他一版一版地打草稿，挑灯夜画。

我问他："为什么把帕特农神庙配上爱奥尼的妩媚柱头？"

他说："这是建筑学的一个梗。"

会心一笑。

在匠人的画笔之下，有了罗小姐版的"嬛嬛""超级玛莉""樊梨花""诸葛亮"和《大话西游》中的"悟空"。让我有了"金戈铁马战群英，羽扇纶巾赴征尘"的错觉。

在跋涉的路上，幸有建筑界的前辈们与我同行。

感谢我的良师益友，杨晖，在我写作的过程中，给我提了许多宝贵的建议。

感谢李兴钢、赵晓钧、薄曦、朱小地、余英，几位前辈为我的小书写字。

前路漫漫，深呼吸，兢兢业业，奋斗不息。